SR (LT, LF, TD, LK)
=
NONSENS

SR (LT, LF, TD, LK) = NONSENS

It is vain to do with more what can be done with less

William of Ockham
1285-1349

Simplex sigillum veri

Herman Boerhaave
1668-1738

nihil fit ex nihilo

Parmenides
500 f.v.t.

Jan Slowak

SR (LT, LF, TD, LK)
=
NONSENS

SR (LT, LF, TD, LK) = NONSENS

Tidigare böcker

1. Bye-Bye Big Bang,
   Episod/Episode 1, 2, 3
4. Redshift factor, Absolute redshift,
   Galaxies red / blue distribution
5. Sawing of my article about the Big Bang
6. Big Bang -
   Questions to physicists and cosmologists
7. Einsteins speciella relativitetsteori –
   matematiska och fysikaliska misstag!
8. Tillbaka till Newton
9. Back to Newton
10. Einsteins speciella relativitetsteori = matematiskt och fysikaliskt nonsens!

Copyright © Jan Slowak 2018
Förlag: BoD - Books on Demand, Stockholm, Sverige
Tryck: BoD - Books on Demand, Norderstedt, Tyskland
ISBN: 978-91-7699-993-6

SR (LT, LF, TD, LK) = NONSENS

*För
Vetenskap*

Innehåll

SR (LT, LF, TD, LK) = NONSENS

Källförteckning ... 7
Vad är den speciella relativitetsteorin? ... 9
Prolog ... 11 Allt är relativt ... 14
Händelser i koordinatsystem ... 15
Ljus ... 16
Registrering, beräkning och transformation av koordinater ... 18
Analys av tidsdilatation ... 24
Härledning av Lorentztransformationer 1 - 2 ... 31
Härledning av Lorentztransformationer 3 - 6 ... 36
Michelson-Morley experiment ... 49
Matematiken och relativitetsteorin ... 69
Fysiken och relativitetsteorin ... 71
Den speciella relativitetsteorin och LT ... 75
Relativitet med klassisk fysik ... 81
Härledning av LT ... 88
Verifiering av LT ... 95
SR och rumtiden ... 105
Lorentzfaktorn och dess värde ... 111
Min patentansökan: 1ANM ... 116
Avslut ... 143
Svar från tidskrifter ... 146
Citat från böcker jag läste ... 163
Korrespondens angående mina sista artiklar ... 188
Till alla fysiker och matematiker ... 199
Några av mina artiklar ... 203

Källförteckning

[1] Modern Physics; Sixth edition; Paul A. Tipler, Ralph A. Llewellyn; Chapter 1; Relativity I; 2012

[2] University Physics with Modern physics; Thirteen Edition; Young Freedman; Chapter 37; Relativity; 2012

[3] Den speciella och den allmänna relativitetsteorin; Albert Einstein; Första delen; Om den speciella relativitetsteorin; 2006;

[4] Einsteins relativitetsteori – en kritisk analys ...; Ove Tedenstig; 2015;

[5] Den moderna fysikens grunder ...; Krister Renard; Kapitel 2; Speciell relativitetsteori; 1995;

[6] Concepts of Modern Physics; Sixth edition; Arthur Beiser; Chapter 1; Relativity; 2003

[7] Modern Physics; Second edition; Randy Harris; Chapter 2; Special Relativity; 2008

[8] Knowing, The Nature of Physical law, Michael Munowitz, 2005

[9] Illustrerad vetenskap, Nr 16/2014;

[10] Calculus - A Complete Course; Robert A. Adams; Sixth Edition;

[11] Nádherná teorie – Sto let obecné teorie relativity; Pedro G. Ferreira; Tjeckiska

[12] Six Ideas That Shaped Physics; Thomas A. Moore; 2003

[13] Calculating the cosmos; Ian Stewart; 2016

[14] Rumtid – en introduktion till Einsteins relativitetsteori; Sören Holst; 2006

[15] Relativitet – Teorin som revolutionerade vår syn på universum; Jeffrey Bennett; 2015

[16] Mörk energi = Gravitation; Robin T. Trnovsky; 2016

[17] Det europeiska miraklet; Bok 1; Robin T. Trnovsky; 2016

[18] Teoria relativității pe înțelesul toturor; Albert Einstein; 2016; Rumänska

SR (LT, LF, TD, LK) = NONSENS

[19] Einsteins största misstag - Ett geni med fel och brister; David Bodanis; 2017

Vad är den speciella relativitetsteorin?

Den speciella relativitetsteorin är en fysikalisk teori som publicerades 1905 av Albert Einstein. Denna teori beskriver rummets och tidens egenskaper (?) och förhållanden i så kallade **inertialsystem**.

Enligt den speciella relativitetsteorin bildar rummet *(x, y, z)* och tiden *(t)* tillsammans ett fyrdimensionellt system, den så kallade rumtiden *(x, y, z, t)*, där **mätningar av avstånd och tid är beroende av observatörens rörelse**.

Enligt denna teori finns det inga absoluta rörelser (?) eller tidsförlopp, utan dessa är relativa och ett föremåls hastighet kan bara anges i förhållande till andra föremål (?).

Den speciella relativitetsteori anger också att det finns en högsta hastighet, **ljusets hastighet i vakuum**, och att denna hastighet är **konstant och lika för alla observatörer**.

SR (LT, LF, TD, LK) = NONSENS

Föremål som rör sig i förhållande till observatören förkortas i rörelseriktningen (?), enligt observatörens mätningar i denna riktning. Någon lokal kontraktion av objektet förekommer inte (!). Klockor i rörelse går långsammare än klockor i vila (?).

Den speciella relativitetsteorin beskriver två inertialsystem som befinner sig i vila (?), eller rör sig med konstant hastighet i förhållande till varandra. En händelse i ett sådant system kan betecknas med $E = (x, y, z, t)$. Övergången från ett inertialsystem, S', till ett annat, S, och tvärtom, görs med hjälp av Lorentztransformationer.

$x' = (x - vt)\gamma$ (LT$_1$)
$t' = (t - vx/c^2)\gamma$ (LT$_2$)

där $\gamma = 1/(1 - v^2/c^2)^{1/2}$ kallas Lorentzfaktorn.

Ni ser att jag har markerat med frågetecken (?) några påståenden. Det är påståenden som rör den speciella relativitetsteorin som jag inte kan acceptera. Det är detta jag har försökt att motbevisa.

Följ mitt arbete i vilket jag kommer till slutsatsen som jag anger i bokens titel!

SR (LT, LF, TD, LK) = NONSENS

Prolog

När jag började forska på riktigt om den speciella relativitetsteorin gick jag grundligt genom de flesta böcker jag hittade på universitets bibliotek. Med grundligt menar jag att jag läste allt som gällde den speciella relativitetsteori. Sedan var det artiklar på nätet. En del av de berättade om att alla forskare är inte överens om denna teori.

Kan man säga forska på riktigt om man har ett jobb som inte har något gemensamt med det man vill forska om? I alla fall, gick all min fritid för detta ändamål. Man kan undra varför man gör så. För mig var det en gammal önskan. Första gången jag fick kontakt med relativitetsteorin var på gymnasiet. Och jag kunde inte acceptera den. Inte tidsdilatationen, inte tvillingsparadoxen, inte längdkontraktionen.

Tiden gick. Jag läste matematik och datavetenskap på universitet. Och sedan dess har jag jobbat som systemutvecklare, programmerare. Det gör jag även nu.

Så varför ska jag forska om den speciella relativitetsteorin? Varför så sent? Jo, jag var alltid överväldigad av vetenskapen. Jag var överväldigad

SR (LT, LF, TD, LK) = NONSENS

varje gång jag läste om forskare som kom med nya rön och förklarade hur saker och ting fungerar inom olika områden: antropologi, genetik, astronomi, kosmologi. Nej, inte kosmologi, inte universums utvidgning, inte Big Bang, inte mörk materia.

Men varför kunde jag acceptera de flesta nya idéer förutom de inom kosmologin? Därför att mitt motto var det vi lärde oss i skolan:

ex nihilo nihil fit

Jag började min forskning inom kosmologin och den speciella relativitetsteorin någon gång under 2014. Det var analys av data från databasen NED Redshift-Independent Distances från http://ned.ipac.caltech.edu/Library/Distances/

Resultatet av denna forskning publicerade jag i min bok *Redshift factor, Absolute redshift, Galaxies red/blue distribution*. Och resultatet var häpnadsväckande, enligt min mening:

Population	z_f	Antal obj	Ant röd z	% röd z	Ant blå z	% blå z
NED-D	0,000239	26 790	13 018	48,6	13 772	51,4

SR (LT, LF, TD, LK) = NONSENS

Vi ser här att fördelningen av objektens rödförskjutning och blåförskjutning är ungefär 50/50! Big Bang teorin säger att **de flesta** kosmiska objekt har rödförskjutning, förutom några i vår närområde som kan ha blåförskjutning. Min forskning visar att det saknas argument för universums utvidgning!

Jag skickade min bok till några forskare. Boken blev sågad! Man skulle kunna säga att resultatet baserades på min egen tolkning av data.

Därför bestämde jag mig att gå till källan av problemet. Big Bang teorin baserades på Einsteins relativitetsteori.

Resultatet av denna forskning publicerade jag i min bok *Einsteins speciella relativitetsteori – matematiska och fysikaliska misstag!*

Men idag kan vem som helst publicera en bok. Frågan är om man får erkännande för sina idéer och sin forskning. Det är en svår uppgift! Det är som att kämpa mot "väderkvarnar"!
Jag skrev några artiklar som baserades på min bok och skickade till några tidskrifter. Skickade fråga till ett antal institutioner om jag skulle kunna presentera min forskning till några forskare. Ni vet svaret!

SR (LT, LF, TD, LK) = NONSENS

I denna bok tänker jag sammanfatta min forskning om den speciella relativitetsteorin. Jag kommer att komma med bevis att den speciella relativitetsteori är felaktig i grunden, i sin helhet!

Allt är relativt

När man pratar om relativitet handlar det om hur en observatör **uppfattar** saker och ting med hjälp av den information man får med sina sinnesintryck: känsel, hörsel, syn. Att säga att det är kalt ute kan innebära för en observatör att man darrar av kölden, men en annan observatör skulle säga att det är ganska behagligt ute. Men när vi använder en termometer och mäter temperaturen till -5 grader då är det -5 grader. Det är en fysikalisk mätning. En termometer **uppfattar inte** temperaturen, den **mäter** temperaturen! Vad de två observatörer än säger om hur kalt det är ute så måste de komma överens att det är -5 grader, punkt, slut.

Att uppfatta händelser och att mäta deras koordinater är två olika saker. Därför känns det underligt varje gång jag läser om tankeexperiment med två observatörer där den ena är stillastående på perrongen och den andra sitter på tåget som rör sig med konstant

hastighet gentemot perrongen.
I denna bok kommer jag att beskriva dessa tankeexperiment genom att ange **vad som händer fysikaliskt**, och inte hur någon observatör uppfattar det ena eller det andra.
Den speciella relativitetsteorin behandlar bland annat koordinatsystem, samtidighet, händelse, tid, plats, Lorentztransformationer, referenssystem, observatör, tidsdilatation, tankeexperiment och andra begrepp.

Händelser i koordinatsystem

En händelse i *rumtiden* anges med 4 koordinater. Vi betecknar en händelse med bokstaven E (från eng. event). En sådan händelse kan betecknas på följande sätt:

$$E = (x, y, z, t)$$

För att förenkla det hela, betraktar vi endast händelser som äger rum på x-axeln. Då blir $y = 0$, $z = 0$ och då betecknar vi händelsen endast med

$$E = (x, t).$$

I dessa experiment kommer vi att använda

SR (LT, LF, TD, LK) = NONSENS

materiella objekt som kan sända en ljussignal och som kan registrera en inkommande ljussignal. Ett sådant objekt på x-axeln utgör ett koordinatsystem. Vi betecknar dessa med S, S_1, S_2, S' osv.

Vi säger att de är ***materiella*** för att skilja de från ***ljussignaler*** som är ***vågfenomen***. Koordinatsystem vi använder i våra experiment, kan vara stillastående gentemot varandra eller röra sig med konstant hastighet, $v > 0$, gentemot varandra.

Informationen mellan dessa system förmedlas med hjälp av ljussignaler som rör sig med ljusets hastighet c. Vi approximerar c till 300 000 km/s.

Ljus

Ljus och annan elektromagnetisk strålning är ett ***vågfenomen*** som fortplantas i rum och tid. Ljuset rör sig oberoende av källans eller observatörens rörelser.

Men även riktningen i vilken ljussignalen rör sig är oberoende av källans eller observatörens rörelser.

SR (LT, LF, TD, LK) = NONSENS

Det spelar ingen roll om ljuskällan rör sig eller roterar, i det ögonblick ljussignalen lämnar källan, rör sig signalen med samma hastighet och med samma riktning.

Vi illustrerar hur ljussignalens hastighet och riktning är oberoende av ljuskällans rörelser, se Fig. 1.

Vi betraktar S_1 som sänder en ljussignal varje mikrosekund, samtidigt vrider sig källan S_1, med en bågsekund. Under en mikrosekund avverkar ljussignalen en sträcka på *0,3 km*. På ett avstånd av *97 200 km* finns det S_2. När S_1 är vänd mot S_2 sänds första ljussignalen. Efter *324 000 mikrosekunder (90x60x60)* når denna ljussignal S_2 och S_1 är vänt *90°* åt vänster/höger. Och det är endast den första signalen som når S_2!

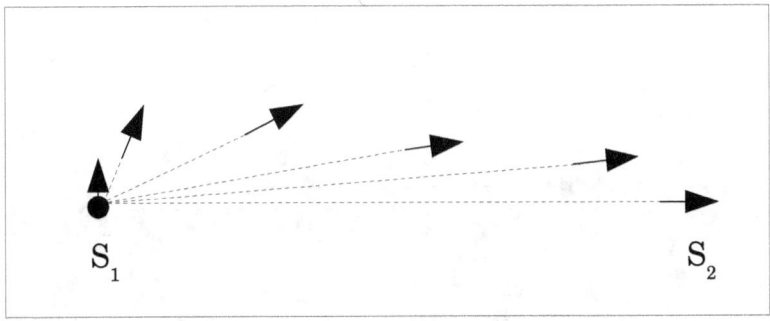

Fig. 1

Registrering, beräkning och transformation av koordinater

Den speciella relativitetsteorin behandlar två koordinatsystem som rör sig i förhållande till varandra med konstant hastighet. Den går ut på att beräkna koordinater för en händelse i det ena systemet med hjälp av koordinater från det andra. En sådan beräkning kallas för transformation.

Vi ska titta först på ett koordinatsystem och en händelse, Fig. 2. En händelse E uppstår i koordinatsystemet S_1 vid tidpunkten t. S_1 får informationen om händelsen genom att registrera ljussignalen från den. **En fullständig information om händelsen har vi *bara* om vi känner händelsens x-koordinat.**

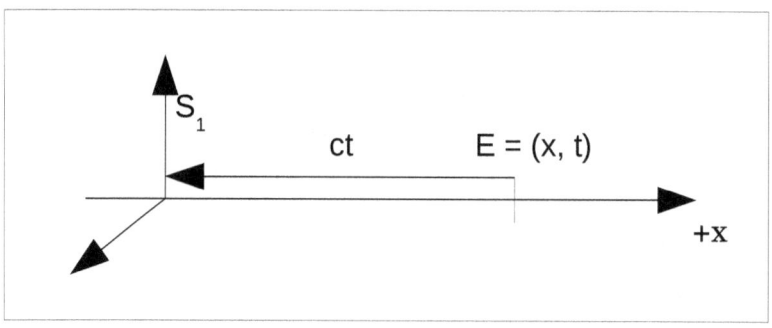

Fig. 2

Då blir $t = x/c$, och vi kan beteckna händelsen med

$$E = (x, x/c)$$

Nu tittar vi på **två** koordinatsystem, S_1 och S_2, stillastående gentemot varandra och en händelse E. Se Fig. 3. Avstånd mellan S_1 och S_2 är d.

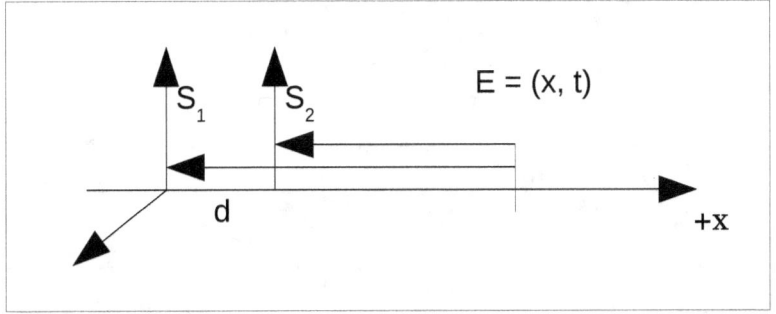

Fig. 3

Hur ser händelsen E = (x, t) registrerad i S_1 och S_2?

$E_1 = (x_1, t_1) = (x, x/c)$
$E_2 = (x_2, t_2) = (x-d, (x-d)/c)$

Om vi känner **avstånd** mellan S_1 och S_2 kan vi beräkna händelsens koordinater i ett av de med händelsens koordinater från det andra. T ex:

$x_2 = x_1 - d$ och $t_2 = t_1 - d/c$

Hur blir det då när S_2 rör sig åt höger med konstant hastighet $v > 0$? Se Fig. 4.

Experimentet börjar när $t = 0$ och då befinner sig S_1 och S_2 i samma punkt, $x_1 = x_2 = 0$ och $t' = 0$.

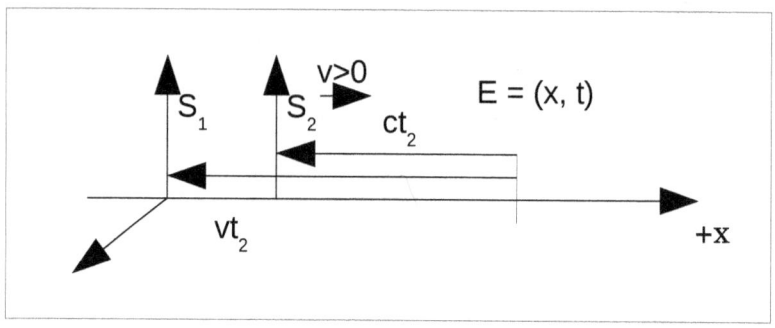

Fig. 4

Den ända skillnaden mellan Fig. 3 och Fig. 4 är att i stället för d har vi vt_2.

Vi har $E_1 = (x_1, t_1) = (x, x/c)$ och med hjälp av x_1 och t_1 beräknar vi $E_2 = (x_2, t_2)$. Här använder vi faktum att tiden det tar för ljussignalen att nå S_2 är densamma som tiden S_2 behöver för att avverka sträckan från punkten $(0, 0)$ till punkten där den nås av ljussignalen.

Då har vi $x = ct_2 + vt_2 \rightarrow t_2 = x/(c+v)$.

$E_2 = (x_2, t_2) = (x_1 c / (c+v), \ t_1 c / (c+v))$

Så både x- och t-koordinat beräknas med hjälp av samma **faktor $c/(c+v)$**.

I exemplet ovan har vi placerat händelsen E **framför** S_1/S_2, om man tänker på riktningen i vilken S_2 rör sig.

Nu placerar vi händelsen **bakom** S_1/S_2, se Fig. 5.
I detta tankeexperiment är x-koordinaterna x, x_1 och x_2 negativa. t-koordinater t, t_1, t_2 är positiva, alltid.

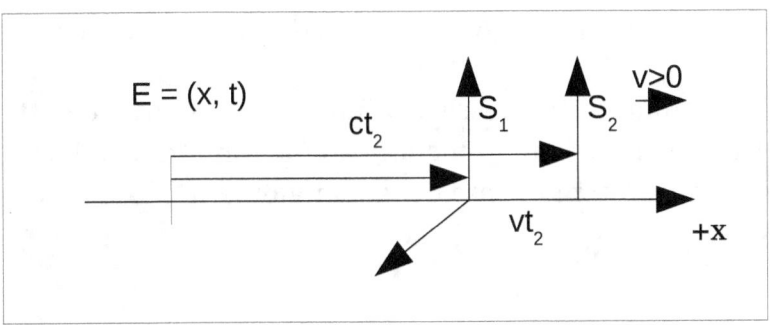

Fig. 5

Vi har $E_1 = (x_1, t_1) = (x, -x/c)$ och med hjälp av x_1 och t_1 beräknar vi $E_2 = (x_2, t_2)$. Här använder vi faktum att tiden det tar för ljussignalen att nå S_2 är densamma som tiden S_2 behöver för att avverka sträckan från punkten *(0, 0)* till punkten där den nås av ljussignalen.

SR (LT, LF, TD, LK) = NONSENS

Denna gång har vi

$$-x = ct_2 - vt_2 \rightarrow t_2 = -x/(c-v).$$

$$E_2 = (x_2, t_2) = (x_1c/(c-v),\ t_1c/(c-v)\ )$$

Så både x- och t-koordinat beräknas med hjälp av samma **faktor c/(c-v)**.

Vi ser att transformationsfaktorn är inte densamma i de två fall, Fig. 4 och Fig. 5, transformationen är beroende av var någonstans händelsen inträffar!

Vi sammanfattar dessa två tankeexperiment med att visa att transformationsfaktorn mellan två inertiala referenssystem är inte densamma över hela x-axeln.

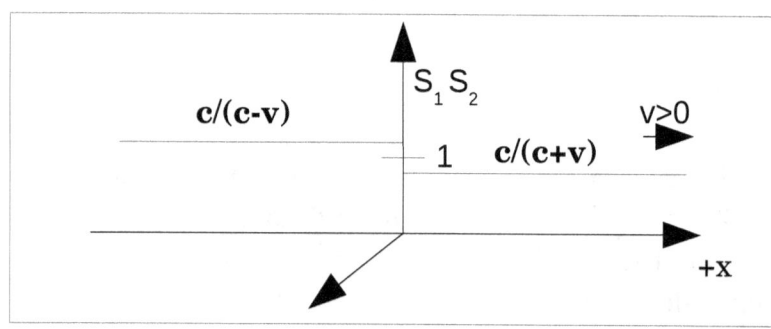

Fig. 6

SR (LT, LF, TD, LK) = NONSENS

Vi behöver inga Lorentztransformationer, vi klarar oss med klassisk fysik!

Vi har sett också, att antingen de två referenssystem är i vila eller i rörelse gentemot varandra, gäller samma transformationer för att gå över från koordinater från det ena systemet till det andra.

Denna slutsats är min starkaste argument mot den speciella relativitetsteorin.

Ovan två experiment, Fig. 4 och Fig.5, och dess slutsats bör utgöra en tankeställare för varje forskare som jobbar med den speciella relativitetsteorin.

Detta gjorde att jag drog slutsatsen att den speciella relativitetsteorin innehåller felaktigheter och att den därmed är felaktigt i sin helhet!

I följande kapitlen i denna bok gör jag analys av olika delar av den speciella relativitetsteorin. Analysen visar felaktigheter i hur man tolkar ljusets fortplantning, hur man härleder Lorentztransformationer.

Det handlar om grundläggande fysik och matematik!

Analys av tidsdilatation

I en del av litteraturen, [1], [6], [8], som behandlar den speciella relativitetsteorin, förklarar man tidsdilatation på följande sätt och man använder sig av samma tankeexperiment för att härleda Lorentzfaktorn.

Man har som tankeexperiment ett rymdskepp i vilket en ljusstråle utgår från golvet, reflekteras i taket och kommer tillbaka till golvet. Vi illustrerar två fall.

Första fallet är när rymdskepp är stillastående, Fig. 7.
Avstånd från golvet till taket är L.
Då är tiden för att ljuset ska avverka sträckan golvet-taket-golvet

$$t_0 = 2L/c$$

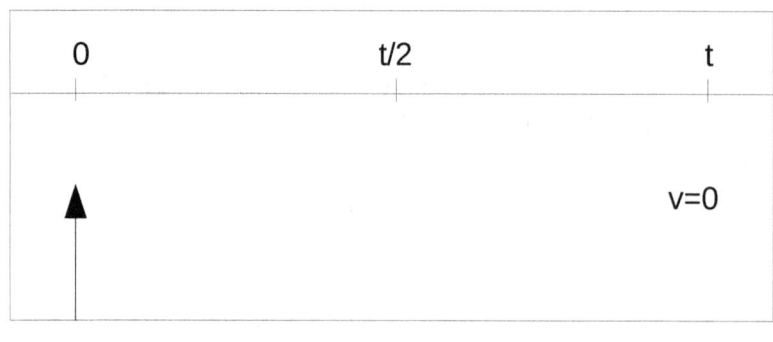

Fig. 7

I det andra fallet rör sig rymdskeppet med konstant hastighet $v > 0$ åt höger, Fig. 8.

Man betraktar triangel med angivna sidor och beräknar därifrån t.

$$t = 2L / (c^2-v^2)^{1/2}$$

Man ersätter $2L$ med $t_0 c$ och får

$$t = t_0 c / (c^2-v^2)^{1/2} = t_0 \gamma \text{ där } \gamma \text{ är Lorentzfaktorn.}$$

Detta säger den speciella relativitetsteori.

Här anser jag att Fig. 8 är den mest absurda, verklighetslösa, förklaringen av ett fysikaliskt fenomen jag har sett hittills!

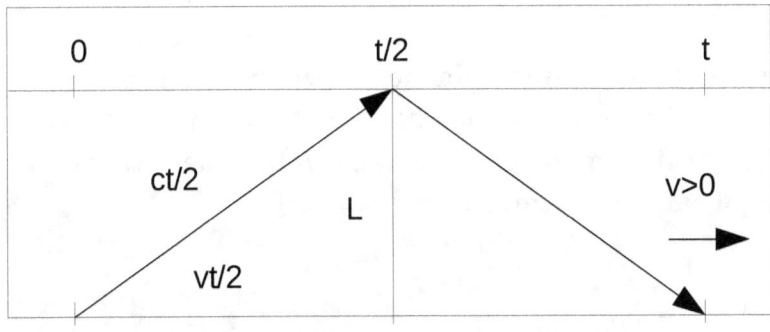

Fig. 8

SR (LT, LF, TD, LK) = NONSENS

Min förklaring:
En ljusstråle rör sig med konstant hastighet c och med samma riktning oavsett hur ljuskällan rör sig.

Tänk dig en stillastående plattform i vakuum, i rymden. En ljusstråle lämnar plattformen och kommer att röra sig med samma riktning. Se Fig. 9.

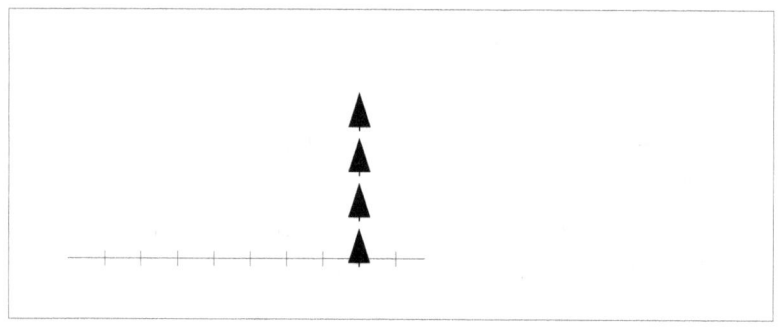

Fig. 9

Tänk dig nu samma plattform i vakuum, i rymden, Fig. 10, som rör sig med hastighet $v > 0$ åt höger. En ljusstråle lämnar plattformen och kommer att röra sig med samma riktning .

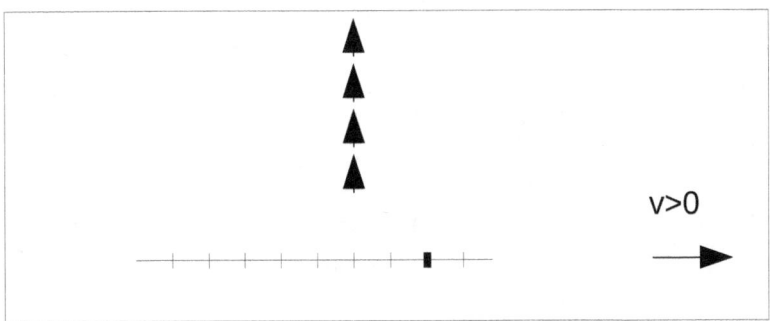

Fig. 10

Vi illustrerar resonemanget att en ljussignal som lämnar golvet, reflekterar sig i taket och når golvet igen, rör sig med samma riktning.
Vi kommer att, i samma bild, Fig.11, visa flera mellanlägen så att man på ett enkelt sätt ser hur ljussignalen och "rymdskeppet" rör sig.

Vi har ett "rymdskepp" som rör sig med konstant hastighet $v = 30 \ km/s$ åt höger. Vi tänker oss en ljussignal som lämnar golvet, reflekterar sig i taket och når golvet igen. Under denna tid förflyttar sig skeppet med ett avstånd $d = 2x$.

SR (LT, LF, TD, LK) = NONSENS

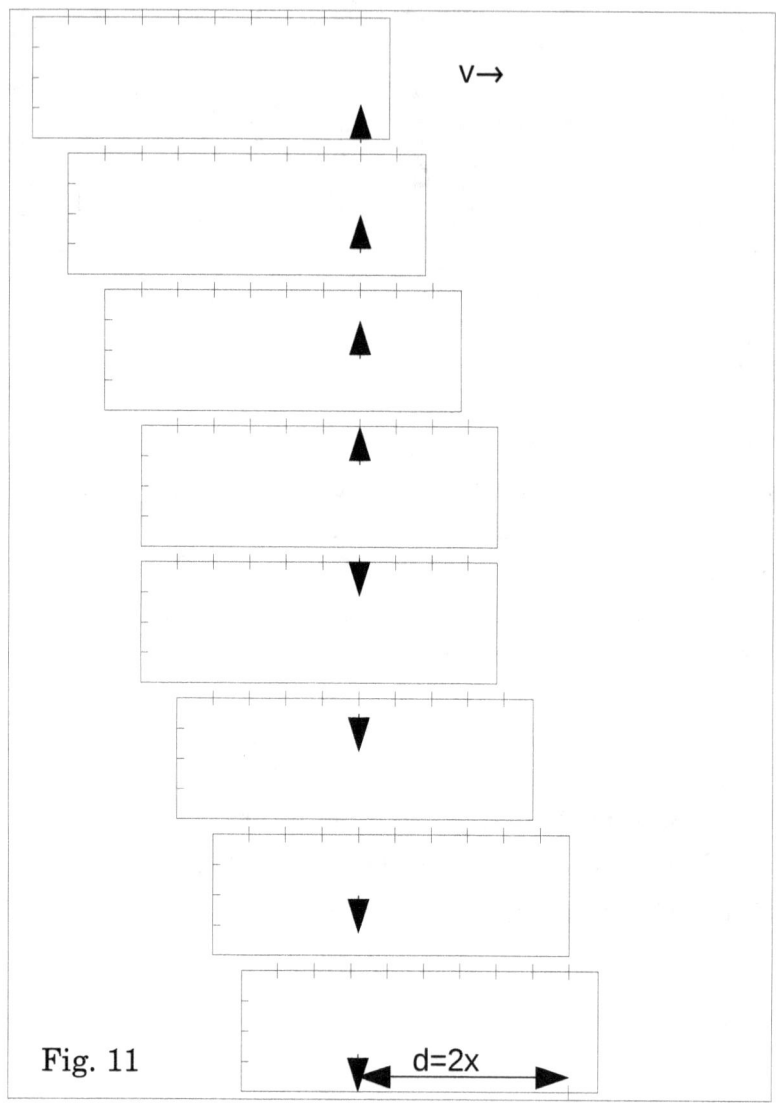

Fig. 11

SR (LT, LF, TD, LK) = NONSENS

Betrakta noga denna bild! En ljussignal utgår från golvet, reflekterar sig i taket och hamnar i ett annat punkt på golvet, **bakom** punken därifrån den utgick om man tänker på rörelsens riktning.

Ljuset fortplantar sig inte i sicksack.

Avstånd mellan de två punkter berättar *endast* om hur långt skeppet förflyttade sig under samma tid som ljussignalen avverkade sträckan 2L. Vi betecknar detta avstånd med $d = 2x$.

Vi sammanfattar detta: Tiden under vilken ljussignalen avverkar sträckan $2L$ är densamma som rymdskeppet behöver för att avverka sträckan $2x$.

$$t = 2L/c = 2x/v \rightarrow x = Lv/c$$

Exempel 1: $L = 10\ m,\ v = 30\ km/s,\ c = 300\ 000\ km/s$

$$x = 10*30/300000\ m = 1/1000\ m = 1\ mm$$

Detta innebär att man skulle kunna bygga en apparat som skulle mäta Jordens hastighet i rymden, runt Solen, runt galaxens centrum.

$$v = xc/L$$

SR (LT, LF, TD, LK) = NONSENS

Denna apparat skulle funka som ett elektromagnetisk gyroskop, ett *ljusgyroskop*.

Observera att tiden under vilken ljussignalen avverkar sträckan 2L är densamma, antingen systemet är i vila eller om det rör sig med konstant hastighet $v > 0$!

Då har vi ingen tidsdilatation!

Nedan följer sex olika beräkningar som visar att härledning av Lorentztransformationer är felaktig.

När vi studerar fysikaliska fenomen, gör vi alltid en matematisk modell av dem. I en sådan modell finns det inbyggda gällande fysikaliska lagar som hölls ihop av matematiska verktyg. Om beskrivningen av det fysikaliska fenomenet är korrekt, är den matematiska modellen felfri!

Den speciella relativitetsteorin behandlar sambandet mellan två inertiala referenssystem, S och S', som rör sig gentemot varandra med konstant hastighet $v > 0$. Varje händelse i dessa referenssystem bestäms av fyra koordinater, tre för rum och en för tid. För att bestämma händelsens koordinater i ett av referenssystem med hjälp av händelsens koordinater i det andra använder man Lorentztransformationer:

$E = (x, y, z, t)$, en händelse i S
$E' = (x', y', z', t')$, en händelse i S'

För att underlätta förståelsen av beräkningarna brukar man sätta $y = y'$ och $z = z'$. Då blir Lorentztransformationer:

$x' = (x - vt)\gamma$ (LT$_1$)
$t' = (t - vx/c^2)\gamma$ (LT$_2$)

där $\gamma = 1/(1 - v^2/c^2)^{1/2}$ kallas Lorentzfaktorn.

Härledning av Lorentztransformationer 1

I den speciella relativitetsteorin använder man sig av Lorentztransformationer för att beräkna händelsernas koordinater i ett referenssystem med hjälp av koordinater i ett annat referenssystem som rör sig gentemot varandra med konstant hastighet, $v > 0$.

Vi följer resonemanget och beräkningarna från [7], sida 14-15. Här använder man följande:

(2-3) $x' = u't'$ och $x = ut$

(2-4) $x' = Ax+Bt, \quad t' = Cx+Dt$

Man säger att mellan (x,t) och (x', t') måste det finnas en linjär transformation. Detta i sin tur innebär att A, B, C, D är konstanter.
För att bestämma ovan fyra konstanter, använder man sig av tre specialfall.

c1) Objektet i vilket händelse E uppstår är i S_2's origo.
$E_2 = (x_2, t_2) = (0, t)$
c2) Objektet i vilket händelse E uppstår är i S_1's origo.
$E_1 = (x_1, t_1) = (0, t)$
c3) Man likställer objektet i vilket händelse E uppstår med en ljusstråle.

Vi följer beräkningarna:

c1) $x' = 0, x = vt$
Ersätter dessa i (2-4) och får:

$$0 = Avt+Bt \text{ och } t' = Cvt+Dt \rightarrow$$
$B = -Av$ och $t' = Cvt+Dt$

c2) $x = 0, x' = -vt'$
Ersätter dessa i (2-4) och får:

$$-vt' = Bt \text{ och } t' = Dt$$

SR (LT, LF, TD, LK) = NONSENS

Dividerar dessa två ekvationer och får

$$B = -Dv \to D = A$$

Mitt tillägg:
Men $t' = Cvt+Dt$ från c1 och $t' = Dt$ från c2 →
$Cvt+Dt = Dt \to Cvt = 0 \to C = 0$

Kan man kombinera c1 och c2?

Då blir
(2-4) $x' = Ax-Avt$ och $t' = At$ eller
$x' = A(x-vt)$ och $t' = At$

Nu använder vi
c3) $x' = ct'$ och $x = ct$
Vi ersätter dessa i $x' = A(x-vt)$ och får

$$ct' = A(ct-vt) \text{ och } t' = At$$

Härifrån får vi:

$$ct = ct-vt \to vt = 0 \to v = 0 \text{ eller } t = 0$$

Om $t = 0$ då är S1, S2 i samma punkt, det behövs inga Lorentztransformationer. Om $v = 0$ då har vi motsägelse med ursprungsvillkor.

SR (LT, LF, TD, LK) = NONSENS

Härledning av Lorentztransformationer 2

Denna härledning finns i *[7], sida 14-15*.

Härledningen av Lorentztransformationer görs med antagandet att dessa transformationer måste vara linjära:

$x' = Ax + Bt$
$y' = Cx + Dt$, där A, B, C och D är konstanter.

För att lösa detta ekvationssystem använder man tre specialfall:
c1) $x' = 0$, $x = vt$
c2) $x = 0$, $x' = -vt'$
c3) $x = ct$ och $x' = ct'$, där c är ljusets hastighet

och till slut kommer man till Lorentztransformationer

$x' = (x - vt)\gamma$ (LT$_1$)
$t' = (t - vx/c^2)\gamma$ (LT$_2$)

där $\gamma = 1/(1 - v^2/c^2)^{1/2}$ kallas Lorentzfaktorn.

Men om Lorentztransformationer LT$_1$, LT$_2$ har framställts med hjälp av c1, c2 och c3 bör dessa tre specialfall verifiera Lorentztransformationer LT$_1$, LT$_2$

utan att man får matematisk motsägelse.

Min bevisföring:
Från c1 och LT_1 → $0 = (vt - vt)\gamma$ → $0 = 0$, OK
Från c1 och LT_2 → $t' = (t - v(vt)/c^2)\gamma$ → $t' = t(1-v^2/c^2)\gamma$

Från c2 och LT_1 → $-vt' = (0-vt)\gamma$ → $-vt' = -vt\gamma$ → $t' = t\gamma$
Från c2 och LT_2 → $t' = (t-v0/c^2)\gamma$ → $t' = t\gamma$, samma resultat

Men resultatet från c1 och LT_2 är $t' = t(1-v^2/c^2)\gamma$
och resultatet från c2 och LT_2 är $t' = t\gamma$

→ $1-v^2/c^2 = 1$ → $v = 0$

Detta resultat, $v = 0$, är i motsägelse med teorins antagande att de två referenssystem rör sig gentemot varandra med konstant hastighet $v > 0$!

Detta visar att den speciella relativitetsteori innehåller felaktigheter.

Kan man kombinera c1 och c2? Om inte då undrar man varför får man så olika resultat? Varför så olika relationer mellan t' och t?

Härledning av Lorentztransformationer 3

Nedan följer vi *[3]*, sida 125; Appendix;
En enkel härledning av Lorentztransformationen

I hans framställning av den speciella relativitetsteorin kommer Einstein till slut till Lorentztransformationer:

$x' = (x - vt)\gamma$ (LT$_1$)
$t' = (t - vx/c^2)\gamma$ (LT$_2$)

där $\gamma = 1/(1 - v^2/c^2)^{1/2}$ kallas Lorentzfaktorn.

Jag kommer att citera Einstein och analysera det han påstår:

Einstein:
"En ljussignal som löper längs den positiva x-axeln fortplantas enligt ekvationen

$x = ct$ eller $x\text{-}ct = 0$ "   (1)

Uttrycket "längs den positiva x-axeln" innebär att ekvationer (1) gäller för $x >= 0$.
Liknande gäller det andra koordinatsystem.

SR (LT, LF, TD, LK) = NONSENS

$$x' = ct' \text{ eller } x'-ct' = 0 \qquad (2)$$

Ekvationer (2) gäller för $x' \geq 0$.
Einstein:
"De punkter i rumtiden (händelser) som uppfyller (1) måste också uppfylla (2). Detta är uppenbarligen fallet om vi allmänt har relationen

$$(x'-ct') = \lambda(x-ct) \qquad (3)$$

där λ är en konstant. Ty enligt (3) blir $x'-ct'$ lika med noll om $x-ct$ är lika med noll."

Einstein:
"En analog betraktelse av en ljusstråle som fortplantas längs den negativa x-axeln ger villkoret

$$(x'+ct') = \mu(x+ct)" \qquad (4)$$

Denna delen gäller för $x \leq 0$ och $x' \leq 0$.

Ekvationen (3) gäller för $x \geq 0$ och för $x' \geq 0$.
Ekvationen (4) gäller för $x \leq 0$ och för $x' \leq 0$.

Einstein:
"Om man nu adderar respektive subtraherar ekvationerna (3) och (4) erhåller man:

SR (LT, LF, TD, LK) = NONSENS

$$x' = ax - bct$$
$$ct' = act - bx"$$

och så vidare...
Vidare behöver vi inte analysera Einsteins härledning av Lorentztransformationer.

Här gör Einstein ett grundläggande matematiskt fel: man adderar och subtraherar ekvationer som gäller i helt skilda giltighetsområden.

Jag åberopar *[10], sida 32:*
"Om f och g är funktioner, då för varje x som tillhör **giltighetsområden** för både f och g, definierar vi funktioner $f + g$ ..."

*Vi kan göra operationer på funktioner **endast** i deras gemensamma giltighetsområden.*
Ovan områden, ekvationer (3) och (4), har en enda punkt gemensamt:

$$x = 0, \ x' = 0.$$

Men då från (1) → $t = 0$ och från (2) → $t' = 0$ och då har vi det triviala exemplet när båda koordinatsystem befinner sig i samma punkt!
Då kan vi inte prata om två referenssystem som rör sig med konstant hastighet $v > 0$ gentemot varandra!

Då behövs inte några transformationer för att gå från det ena till det andra! De är identiska. Då behövs ingen teori som behandlar relationen mellan dessa två koordinatsystem!

Härledning av Lorentztransformationer 4

Nedan följer vi [3], sida 125; Appendix; En enkel härledning av Lorentztransformationen

I hans framställning av den speciella relativitetsteorin kommer Einstein till slut till Lorentztransformationer:

$x' = (x - vt)\gamma$ (LT$_1$)
$t' = (t - vx/c^2)\gamma$ (LT$_2$)

där $\gamma = 1/(1 - v^2/c^2)^{1/2}$ kallas Lorentzfaktorn.

Jag citerar Einstein och analyser det han påstår:
Einstein:
"En ljussignal som löper längs den positiva x-axeln fortplantas enligt ekvationen"

$x = ct$ eller $x\text{-}ct = 0$ (1)

Liknande gäller det andra koordinatsystemet.

$$x' = ct' \text{ eller } x'\text{-}ct' = 0 \qquad (2)$$

Einstein:
"De punkter i rumtiden (händelser) som uppfyller (1) måste också uppfylla (2). Detta är uppenbarligen fallet om vi allmänt har relationen

$$(x'\text{-}ct') = \lambda(x\text{-}ct) \qquad (3)$$

där λ är en konstant, ty enligt (3) blir $x'\text{-}ct'$ lika med noll om $x\text{-}ct$ är lika med noll".

Här måste man ange att

$$\lambda \mathrel{!}= 0 \qquad (3.1)$$

För om $\lambda = 0$ kan man INTE säga att "$x'\text{-}ct'$ blir lika med noll om $x\text{-}ct$ är lika med noll".
För om $\lambda = 0$ då blir $x'\text{-}ct' = 0$ även om $x\text{-}ct \mathrel{!}= 0$.

Einstein:
"En analog betraktelse av en ljusstråle som fortplantas längs den negativa x-axeln ger villkoret":

$$(x'+ct') = \mu(x+ct) \qquad (4)$$

Även här måste man ange att

SR (LT, LF, TD, LK) = NONSENS

$\mu \mathrel{!}= 0$ \hfill (4.1)

Nedan använder jag A, B i stället för a, b:

Einstein:
"Om man nu adderar respektive subtraherar ekvationerna (3) och (4) erhåller man:

$x' = Ax - Bct$ \hfill (5.1)
$ct' = Act - Bx$ \hfill (5.2)

där vi för bekvämlighetens skull infört $A = (\lambda+\mu)/2$ och $B = (\lambda-\mu)/2$.

Nu skulle vår uppgift vara löst om vi kände konstanterna A och B. Vi finner de genom följande överväganden:"

Vidare använder Einstein följande tre villkor:

c1) $x' = 0$
c2) $t = 0$
c3) $t' = 0$

Från c1) och (5.1) $\rightarrow x = ctB/A$
Från c3) och (5.2) $\rightarrow x = ctA/B$
$\rightarrow B/A = A/B \rightarrow A \mathrel{!}= 0$ och $B \mathrel{!}= 0$ och $A^2 = B^2$
$\rightarrow ((\lambda+\mu)/2)^2 = ((\lambda-\mu)/2)^2 \rightarrow (\lambda+\mu) = +-(\lambda-\mu)$

- 41 -

→ $\lambda+\mu = \lambda-\mu$ → $2\mu = 0$ → $\mu = 0$ motsäger (4.1) eller
→ $\lambda+\mu = -\lambda+\mu$ → $2\lambda = 0$ → $\lambda = 0$ motsäger (3.1)
Detta innebär att härledningen av
Lorentztransformationer är felaktig!

Härledning av Lorentztransformationer 5

Nedan följer vi *[3], sida 125; Appendix; En enkel härledning av Lorentztransformationen*

I hans framställning av den speciella relativitetsteorin kommer Einstein till slut till Lorentztransformationer:

$x' = (x - vt)\gamma$ $\qquad$ (LT$_1$)
$t' = (t - vx/c^2)\gamma$ $\qquad$ (LT$_2$)

där $\gamma = 1/(1 - v^2/c^2)^{1/2}$ kallas Lorentzfaktorn, c är ljusets hastighet.
Denna faktor är: $\gamma > 1$ $(v > 0)$, $\gamma < +\infty$ $(v < c)$.

Einstein:
"En ljussignal som löper längs den positiva x-axeln fortplantas enligt ekvationen"

$x = ct$ eller $x-ct = 0$ $\qquad$ (1)

Liknande gäller det andra koordinatsystemet.
$$x' = ct' \text{ eller } x'\text{-}ct' = 0 \qquad (2)$$

Einstein:
"De punkter i rumtiden (händelser) som uppfyller (1) måste också uppfylla (2). Detta är uppenbarligen fallet om vi allmänt har relationen

$$(x'\text{-}ct') = \lambda(x\text{-}ct) \qquad (3)$$

där λ är en konstant, ty enligt (3) blir $x'\text{-}ct'$ lika med noll om $x\text{-}ct$ är lika med noll".

Einstein:
"En analog betraktelse av en ljusstråle som fortplantas längs den negativa x-axeln ger villkoret":

$$(x'+ct') = \mu(x+ct) \qquad (4)$$

Einstein:
"Om man nu adderar respektive subtraherar ekvationerna (3) och (4) erhåller man:

$$x' = Ax\text{-}Bct \qquad (5.1)$$
$$ct' = Act\text{-}Bx \qquad (5.2)$$

där vi för bekvämlighetens skull infört

$A = (\lambda+\mu)/2$ och $B = (\lambda-\mu)/2$.
Nu skulle vår uppgift vara löst om vi kände konstanterna A och B. Vi finner de genom följande överväganden:"

Vidare använder Einstein följande tre villkor:
c1) $x' = 0$
c2) $t = 0$
c3) $t' = 0$

Matematisk prövning:
LT_1, c1 → $x' = 0$, $x = vt$
LT_2, c1 → $x' = 0$, $t' = (t-vx/c^2)\gamma$

LT_1, c2 → $t = 0$, $x' = x\gamma$
LT_2, c2 → $t = 0$, $t' = -vx\gamma/c^2$

LT_1, c3 → $t' = 0$, $x' = (x-vt)\gamma$
LT_2, c3 → $t' = 0$, $t = vx/c^2$

Alla dessa resultat ska verifiera LT_1 och LT_1 för villkor c1, c2 och c3 användes alla i framställningen av LT_1 och LT_1.

Vi tar LT_1, c1 och LT_2, c3:
$x = vt$ och $t = vx/c^2$ → $x = vvx/c^2$ → $1 = v^2/c^2$ → $v^2 = c^2$

SR (LT, LF, TD, LK) = NONSENS

→ $v = +- c!$

Detta innebär att härledningen av
Lorentztransformationer är felaktig!

Härledning av Lorentztransformationer 6

Nedan följer vi *[3]*, sida 125; Appendix; En enkel
härledning av Lorentztransformationen

I hans framställning av den speciella relativitetsteorin
kommer Einstein till slut till
Lorentztransformationer:

$x' = (x - vt)\gamma$ (LT$_1$)
$t' = (t - vx/c^2)\gamma$ (LT$_2$)

där $\gamma = 1/(1 - v^2/c^2)^{1/2}$ kallas Lorentzfaktorn, c är
ljusets hastighet.
Denna faktor är: $\gamma > 1$ $(v > 0)$, $\gamma < +\infty (v < c)$.

Einstein:
"En ljussignal som löper längs den positiva x-axeln
fortplantas enligt ekvationen"

$x = ct$ eller $x - ct = 0$ (1)

Liknande gäller det andra koordinatsystemet.

$$x' = ct' \text{ eller } x'-ct' = 0 \qquad (2)$$

Einstein:
"De punkter i rumtiden (händelser) som uppfyller (1) måste också uppfylla (2). Detta är uppenbarligen fallet om vi allmänt har relationen

$$(x'-ct') = \lambda(x-ct) \qquad (3)$$

där λ är en konstant, ty enligt (3) blir $x'-ct'$ lika med noll om $x-ct$ är lika med noll".
Här bör man specificera att $\lambda \mathrel{!}= 0$.

Einstein:
"En analog betraktelse av en ljusstråle som fortplantas längs den negativa x-axeln ger villkoret":

$$(x'+ct') = \mu(x+ct) \qquad (4)$$

Här bör man specificera att $\mu \mathrel{!}= 0$.

Einstein:
"Om man nu adderar respektive subtraherar ekvationerna (3) och (4) erhåller man:

- 46 -

SR (LT, LF, TD, LK) = NONSENS

$x' = Ax - Bct$ (e1)
$ct' = -Bx + Act$ (e2)

där vi för bekvämlighetens skull infört

$A = (\lambda+\mu)/2$ och $B = (\lambda-\mu)/2$.

Nu skulle vår uppgift vara löst om vi kände konstanterna A och B. Vi finner de genom följande överväganden:"

Vidare använder Einstein följande tre villkor:
c1) $x' = 0$
c2) $t = 0$
c3) $t' = 0$

Matematisk prövning:
e1, c1 → $0 = Ax - Bct$ → $Ax = Bct$ → $x = (B/A)*ct$
e2, c1 → $ct' = -Bx + Act$
e1, c2 → $x' = Ax$
e2, c2 → $ct' = -Bx$
e1, c3 → $x' = Ax - Bct$
e2, c3 → $0 = -Bx + Act$ → $Bx = Act$ → $x = (A/B)*ct$

Vi har fått:

r1) $x = (B/A)*ct$

r2) $ct' = -Bx + Act$
r3) $x' = Ax$
r4) $ct' = -Bx$
r5) $x' = Ax - Bct$
r6) $x = (A/B)*ct$

Vi kombinerar och får:
r1, r6 → $A/B = B/A$ → $A\ !=0$ och $B\ != 0$
r3, r5 → $Ax = Ax - Bct$ → $-Bct = 0$ → $Bt = 0$ → $t = 0$
r2, r4 → $-Bx = -Bx + Act$ → $Act = 0$ → $At = 0$ → $t = 0$
→ $x = 0, t = 0, x' = 0, t' = 0$

Då har vi det triviala fall, när båda koordinatsystem befinner sig i samma punkt! Och då behövs det ingen transformation av koordinater från S
till S', då behövs det inte någon teori för detta!

SR (LT, LF, TD, LK) = NONSENS

Michelson-Morley experiment, 1887

Det har skrivits mycket om detta experiment. Det beskrivs som ett av de viktigaste och mest berömda experimenten i fysikens historia.

Men resultatet blev inte som man förväntade sig. Det blev så kallat negativt resultat. Och detta lede till slut till den speciella relativitetsteorin.

I min analys av detta experiment visar jag varför det blev så. Jag kommer att visa bilder på fyra olika positioner av interferometern, visa hur ljusstrålarna rör sig, göra beräkningar på deras avverkade sträckor.

I min analys tillämpar jag principen att **ljuset rör sig oberoende av källans och observatörens rörelser**.

Bilderna är inte ritade i skala och jag presenterar endast de nödvändigaste elementen för att förenkla så mycket som möjlig, för att man ska kunna se det viktigaste.

I den första bilden, Fig. 12, visar vi interferometern när ljusstrålen är skickad i samma riktning som apparaten rör sig.

SR (LT, LF, TD, LK) = NONSENS

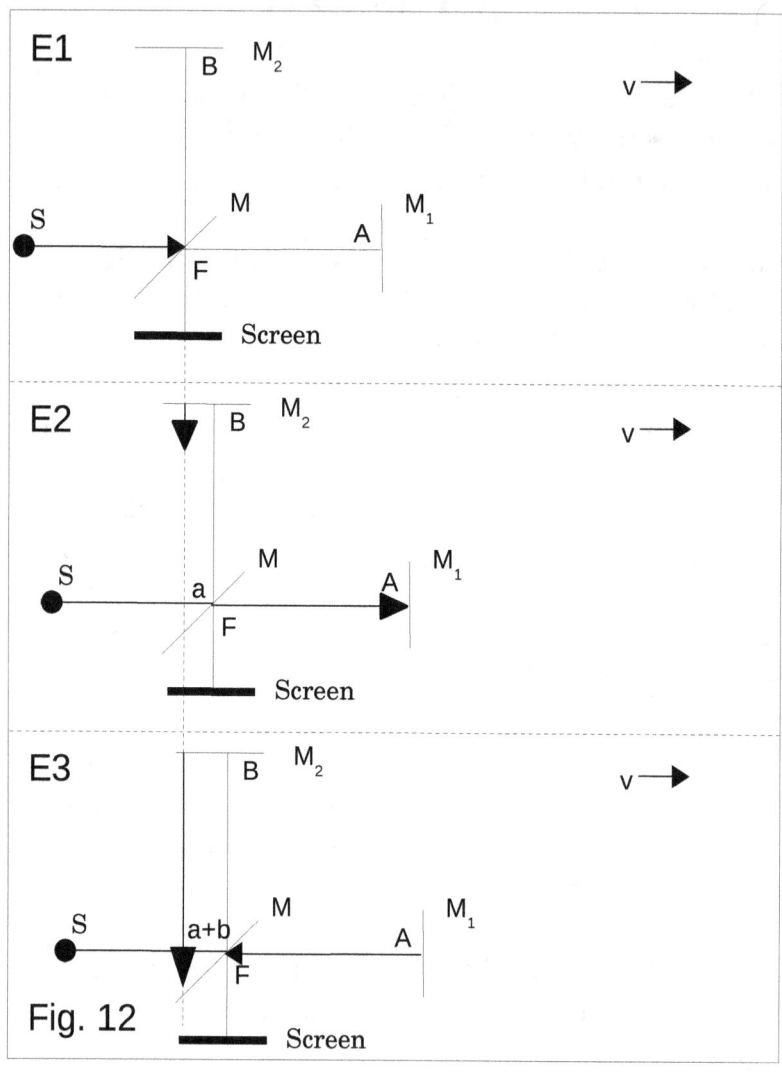

Fig. 12

SR (LT, LF, TD, LK) = NONSENS

E1:
Interferometerns armar: $FA = FB = L$ *(längden)*.
En ljusstråle sänds från S och är uppdelad i två i F.
Ljusstrålen S_1 fortsätter rakt fram mot A (spegel M_1).
S_2 reflekteras med en vinkel på $90°$ och går till B (spegel M_2).

E2:
När S_1 når A, reflekteras den och går tillbaka till F.
När S_2 når B reflekteras den och går tillbaka till M.

Under tiden som S_1 går mot A och når denna punkt, rör sig hela systemet med sträckan a. Då avverkar S_1 avståndet $L+a$. Under denna tid avverkar S_2 samma avstånd $L+a$. $a/v = (L+a)/c$

E3:
Under tiden som S_1 går mot F och når denna punkt, rör sig hela systemet med sträckan b. Då avverkar S_1 avståndet $L-b$. Under denna tid avverkar S_2 samma avstånd $L-b$. $b/v = (L-b)/c$
Vi beräknar nu längden på de avstånd som S_1 och S_2 avverkar.

$a = Lv/(c-v)$
$b = Lv/(c+v)$
$a+b = 2Lcv/(c^2-v^2)$
$a-b = 2Lv^2/(c^2-v^2)$

SR (LT, LF, TD, LK) = NONSENS

$$\text{Längd}(S_1) = \text{Längd}(S_2) = 2L + (a - b)$$

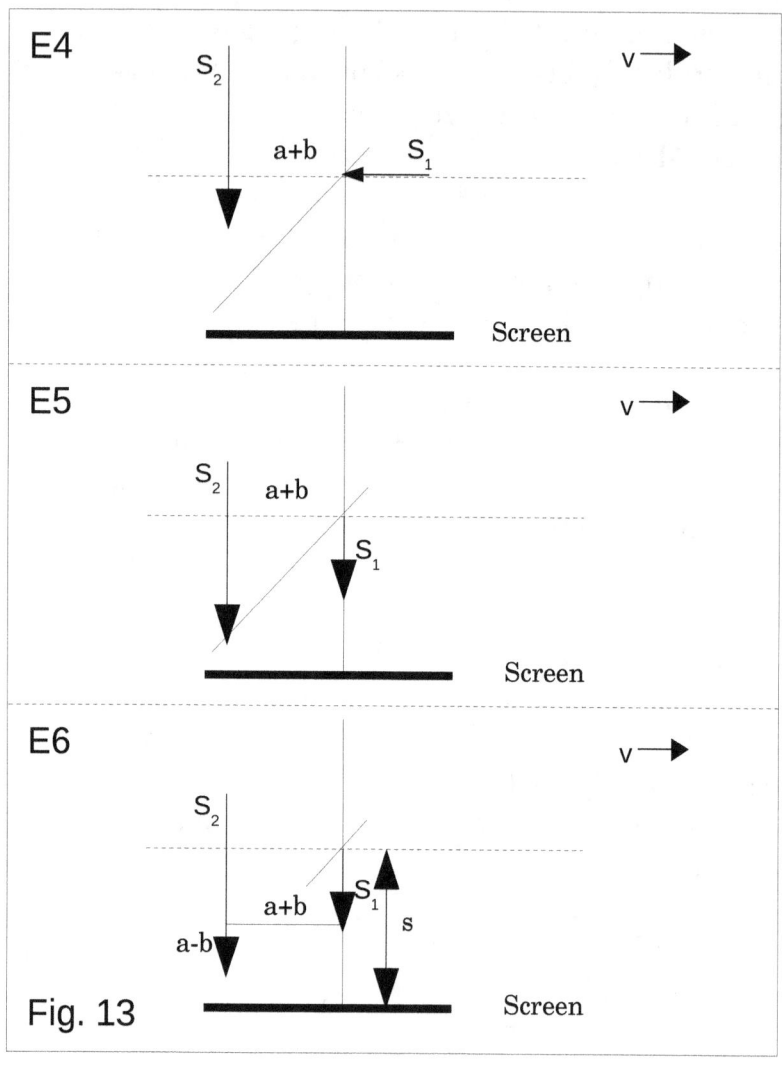

Fig. 13

SR (LT, LF, TD, LK) = NONSENS

I bilden Fig. 13 visar vi momentet när S_1 når punkten F (spegel M) för andra gången och sedan fortsätter mot skärmen.

Då blir det rumsliga avståndet mellan de två ljusstrålar lika med $a+b$. Ljusstrålen S_2 når tidigare skärmen, tidsskillnad blir då $\Delta t = (a-b)/c$.

Om vi tar avståndet mellan spegeln M och skärmen lika med s kan man beräkna parametrarna för interferensmönstret. $y = s\lambda/d$

Storleken på avståndet mellan två vågtoppar på interferensmönstret är beroende endast av avståndet s mellan spegeln M (punkten F) och skärmen och avståndet $d = a+b$ mellan de två ljusstrålar.

Se bilden E6 i Fig. 13.

Vi vänder nu apparaten med 90° motsols.
Se Fig 14.

Vi gör liknande beräkningar också här.

SR (LT, LF, TD, LK) = NONSENS

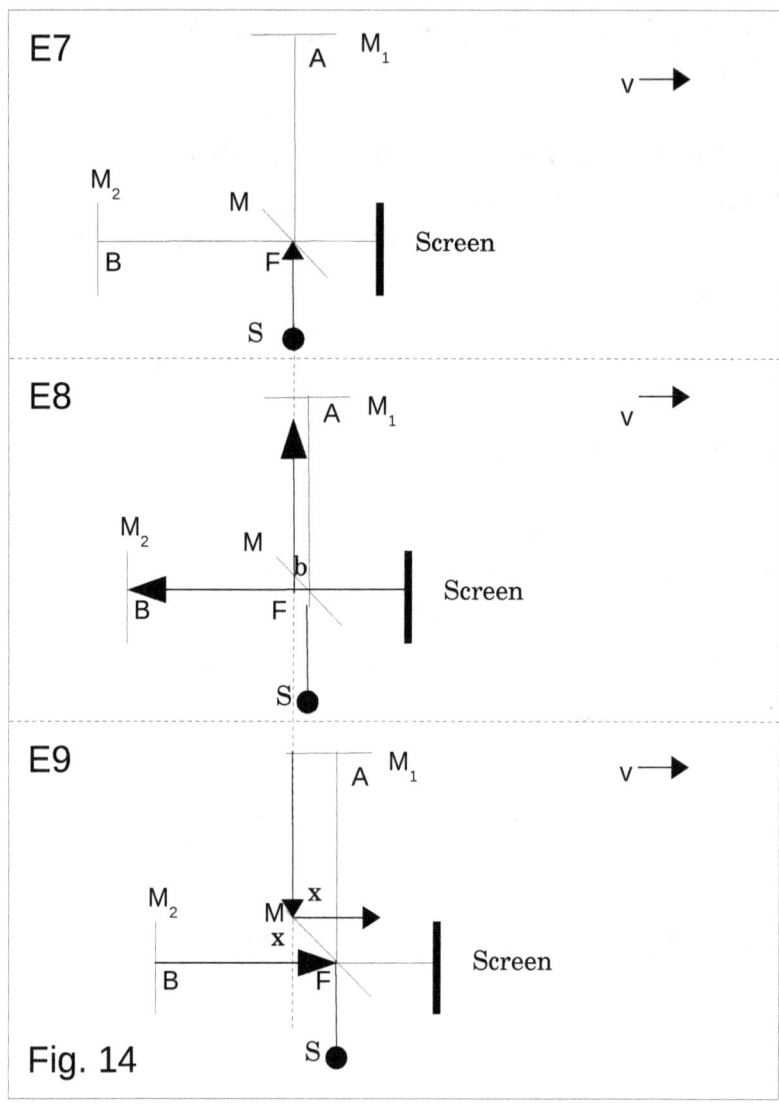

Fig. 14

SR (LT, LF, TD, LK) = NONSENS

E7:
Interferometerns armar: $FA = FB = L$.
En ljusstråle sänds från S och är uppdelad i två i F.
Ljusstrålen S_1 fortsätter rakt fram mot A (spegel M_1).
S_2 går till B (spegel M_2).

E8:
När S_2 når B, reflekteras den och går tillbaka till F.
När S_1 når A reflekteras den och går tillbaka till M.

Under tiden som S_2 går mot B och når denna punkt, rör sig hela systemet med sträcka b. Då avverkar S_2 avståndet L-b. Under denna tid avverkar S_1 samma avstånd L-b.

E9:
Under tiden som S_2 går mot F och når denna punkt, rör sig hela systemet med a. Då avverkar S_2 avståndet L+a. Under denna tid avverkar S_1 samma avstånd L+a.

Men vi måste beräkna ögonblicket när S_1 når spegeln M för andra gången.
Vi analyserar detta i Fig. 15.

SR (LT, LF, TD, LK) = NONSENS

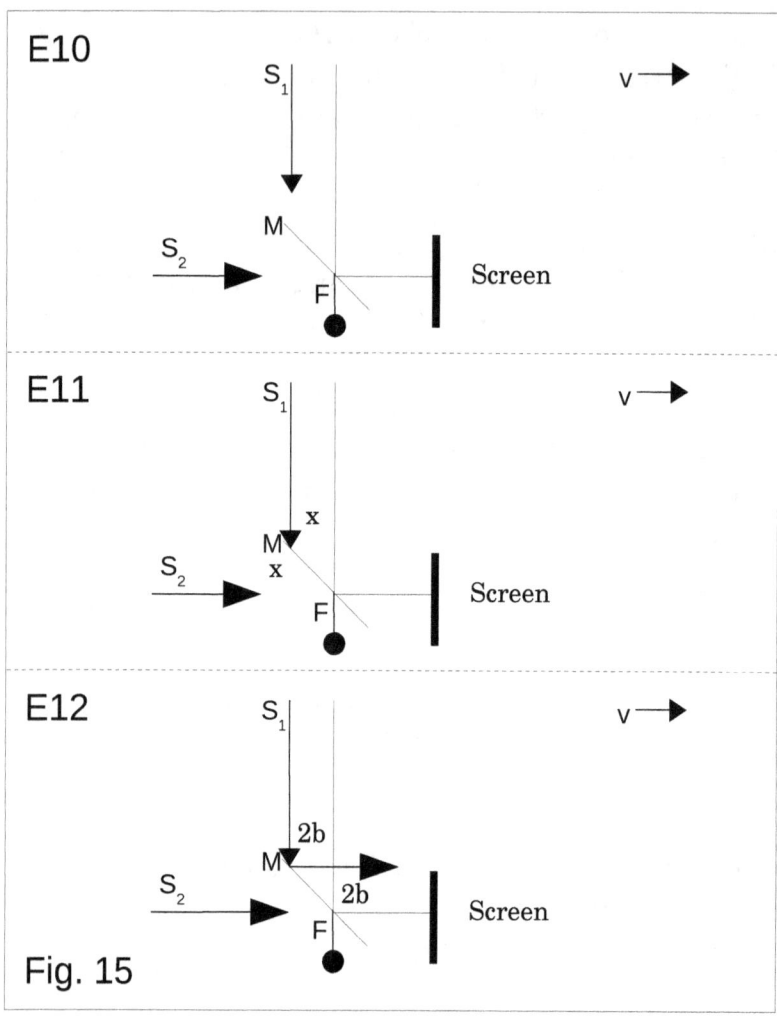

Fig. 15

SR (LT, LF, TD, LK) = NONSENS

Beräkningen:

Vi säger att apparaten avverkade sträckan x i det ögonblick ljusstrålen S_1 når spegeln M för andra gången.
Tiden för detta är då x/v.

Under denna tid har ljusstrålen S_1 avverkat sträckan $2L$-x. Då har vi:

$x/v = (2L\text{-}x)/c$
$x/v = 2L/c\text{-}x/c$
$x/v + x/c = 2L/c$
$x(c+v)/cv = 2L/c$
$x = 2Lv/(c+v)$

$x = 2b$

Detta innebär att det rumsliga avståndet mellan de två ljusstrålar är $d = 2b$.

Vi går vidare och vänder interferometern med ännu 90° motsols.

Vi visar hur ljusstrålarna rör sig i Fig. 16.

SR (LT, LF, TD, LK) = NONSENS

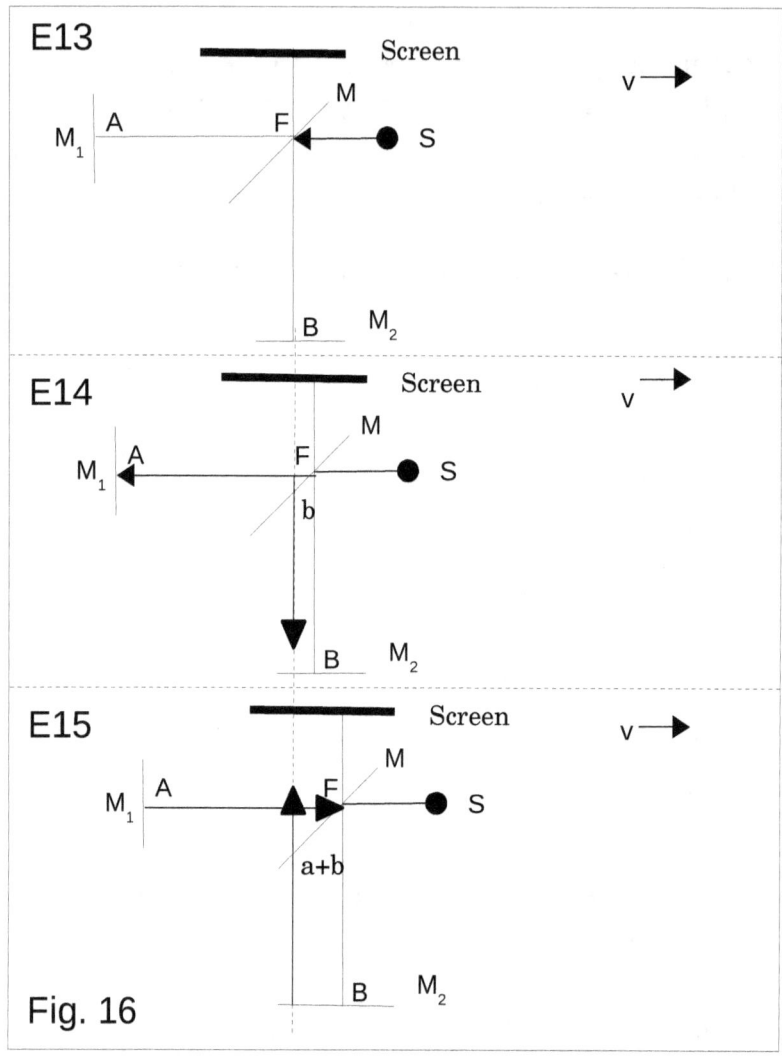

Fig. 16

E13:
Interferometerns armar: $FA = FB = L$.
En ljusstråle sänds från S och är uppdelad i två i F.
Ljusstrålen S_1 fortsätter rakt fram mot A (spegel M_1).
S_2 går till B (spegel M_2).

E14:
När S_1 når A, reflekteras den och går tillbaka till F.
När S_2 når B reflekteras den och går tillbaka till M.

Under tiden som S_1 går mot A och når denna punkt, rör sig hela systemet med sträcka b. Då avverkar S_1 avståndet L-b. Under denna tid avverkar S_2 samma avstånd L-b.

E15:
Under tiden som S_1 går mot F och når denna punkt, rör sig hela systemet med a. Då avverkar S_1 avståndet $L+a$. Under denna tid avverkar S_2 samma avstånd $L+a$.

Denna delexperiment liknar det från Fig. 12 i det hänseende att det rumsliga avståndet mellan de två ljusstrålar när de når skärmen blir också $d = a+b$.

Sista del av experimentet. Vi vänder interferometern med ännu *90°* motsols. Nu har vi vänt interferometern med hela 270°. Se bilden Fig. 17.

SR (LT, LF, TD, LK) = NONSENS

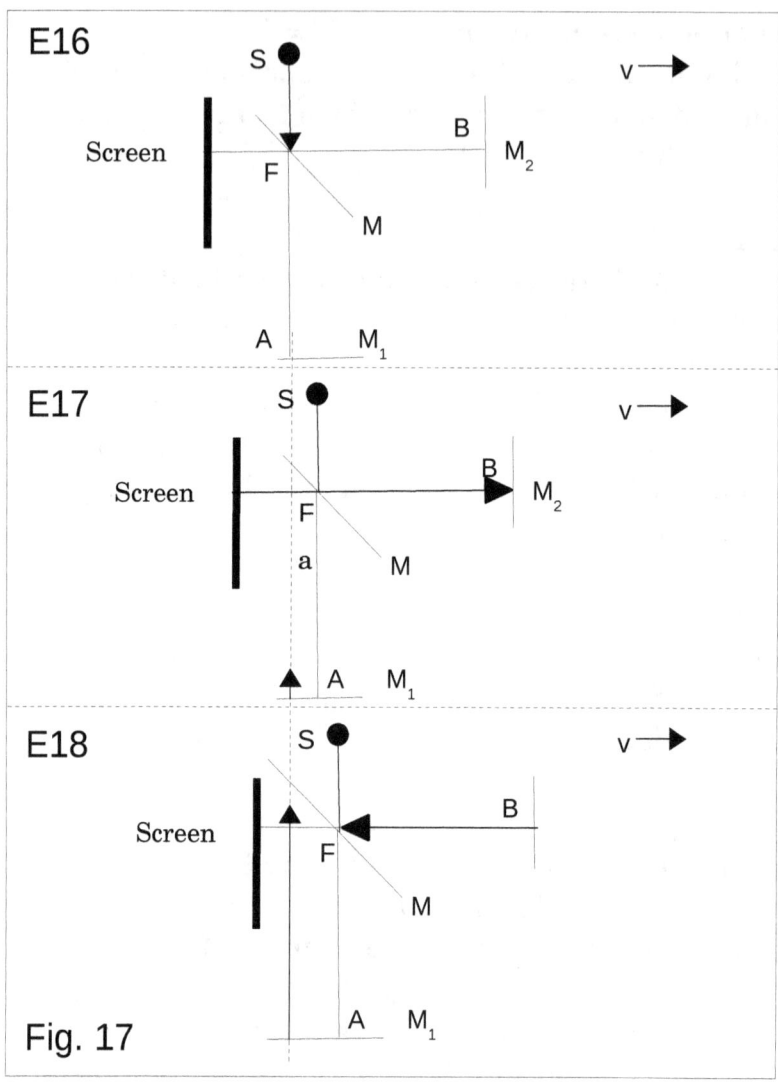

Fig. 17

E16:
Interferometerns armar: $FA = FB = L$.
En ljusstråle sänds från S och är uppdelad i två i F.
Ljusstrålen S_1 fortsätter rakt fram mot A (spegel M_1).
S_2 går till B (spegel M_2).

E17:
När S_2 når B, reflekteras den och går tillbaka till F.
När S_1 når A reflekteras den och går tillbaka till M.

Under tiden som S_2 går mot B och når denna punkt, rör sig hela systemet med sträcka a. Då avverkar S_2 avståndet $L+a$. Under denna tid avverkar S_1 samma avstånd $L+a$.

E18:
Under tiden som S_2 går mot F och når denna punkt, rör sig hela systemet med b. Då avverkar S_2 avståndet $L-b$. Under denna tid avverkar S_1 samma avstånd $L-b$.

Men vi måste beräkna ögonblicket när S_1 når spegeln M för andra gången.

Vi analyserar detta i Fig. 18.

SR (LT, LF, TD, LK) = NONSENS

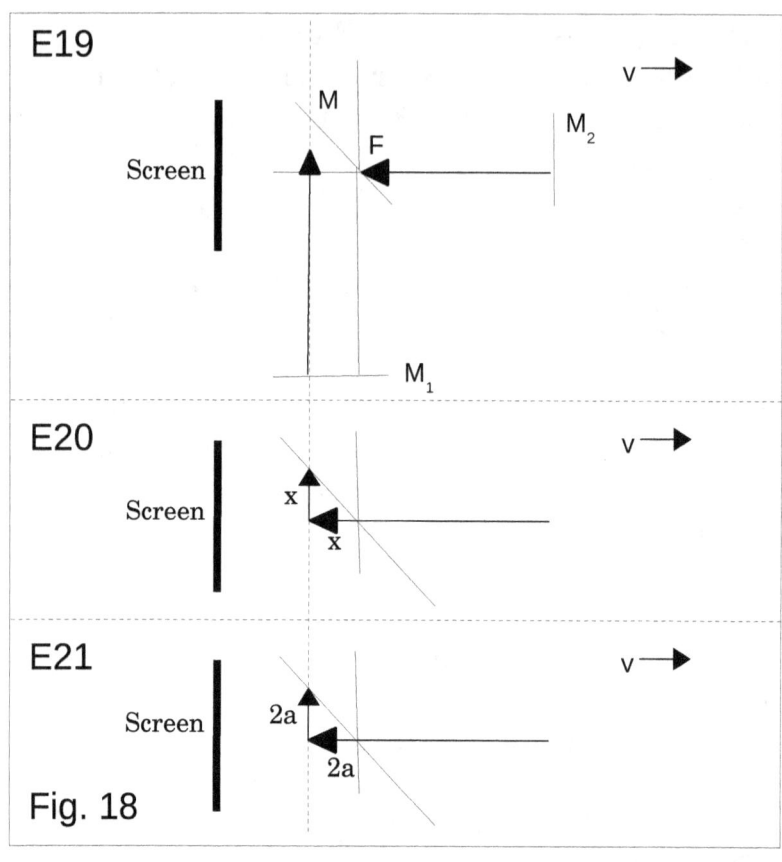

Fig. 18

SR (LT, LF, TD, LK) = NONSENS

När S_1 når spegel M för andra gången har det passerat en sträcka på $2L+x$. Tiden blir då $(2L+x)/c$ och är samma tid som x/v.

$x/v = (2L+x)/c$

$x = 2a$

Då blir det rumsliga avståndet mellan de två ljusstrålar lika med $2a$.

Det rumsliga avståndet d mellan de två ljusstrålar som når skärmen är följande:

Fig. 12-13	Exp. 1	$d = a+b$
Fig. 14-15	Exp. 2	$d = 2b$
Fig. 16	Exp. 3	$d = a+b$
Fig. 17-18	Exp. 4	$d = 2a$

Vi ser att d når sitt maximum/minimum när ljusstrålen skickas exakt i rätt vinkel gentemot apparatens rörelseriktning. Se bild Fig. 18.

Skulle vi vända den mittersta spegeln M med 180° då skulle $2b$ bytta plats med $2a$. Och det är mellan dessa två delexperiment då interferensmönstret når största skillnad!

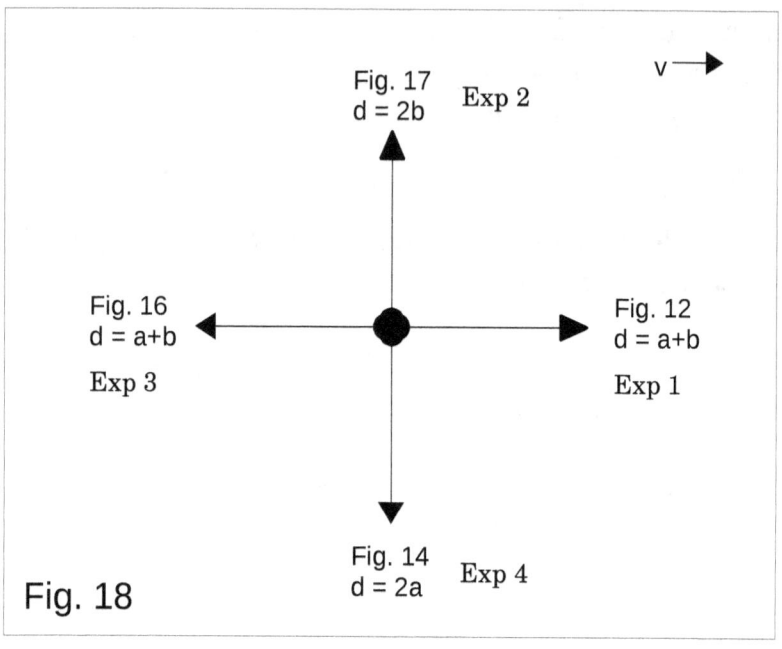

Fig. 18

Men inte ens detta är hela sanningen! Detta gäller om vi riktar interferometer antingen längs samma riktning som referenssystemet rör sig eller rätvinklig mot den.

<u>När man jobbar med ljuset är det oerhört viktigt att man tänker på att man känner INTE den absoluta hastigheten hos en referenssystem och inte heller dess riktning!</u>

SR (LT, LF, TD, LK) = NONSENS

De beräkningar vi gjorde innan bör vi göra om och ta hänsyn till att båda interferometerns armar kan röra sig i sidled. Se Fig. 19.

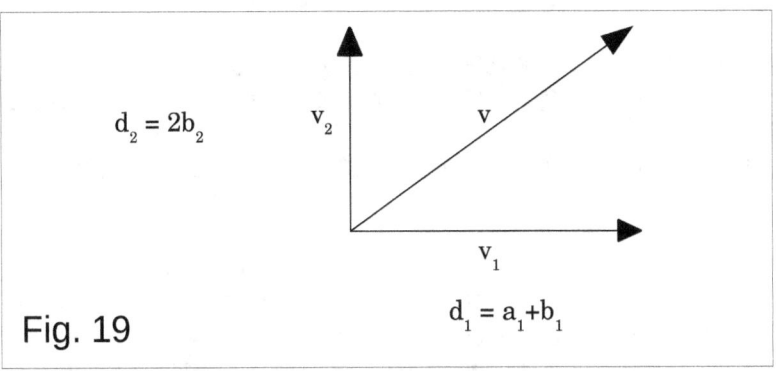

Fig. 19

Varför? Vi känner inte den exakta riktningen för Jordens hastighet och inte heller dess värde.
Vi känner inte interferometerns absoluta rörelse!
Ty:
- Jorden har en rörelse runt sin egen axel
- Jorden rör sig runt Solen
- Solsystemet rör sig runt galaxens centrum
- Galaxen rör sig mot den Stora Attraktorn. Och ...

Vilken riktning har resultant för alla dessa hastigheter? Hur blir då interferensmönstret nu?

I tabellen nedan visar vi beräkningen för $v = 30 km/s$, $18 km/s$, $24 km/s$ och $600 km/s$.

SR (LT, LF, TD, LK) = NONSENS

L	m	10	10	10	10
v	m/s	30000	18000	24000	600000
c	m/s	300000000	300000000	300000000	300000000
s	m	1	1	1	1
λ	m	0,0000006	0,0000006	0,0000006	0,0000006
a	m	0,0010001	0,0006000	0,0008001	0,0200401
b	m	0,0009999	0,0006000	0,0007999	0,0199601
a+b	m	0,0020000	0,0012000	0,0016000	0,0400002
a-b	m	0,0000002	0,0000001	0,0000001	0,0000800
d1=a+b	m	0,0020000	0,0012000	0,0016000	0,0400002
d2=2b	m	0,0019998	0,0011999	0,0015999	0,0399202
d3=a+b	m	0,0020000	0,0012000	0,0016000	0,0400002
d4=2a	m	0,0020002	0,0012001	0,0016001	0,0400802
y1=sλ/d1	m	0,0003000	0,0005000	0,0003750	0,0000150
y2=sλ/d2	m	0,0003000	0,0005000	0,0003750	0,0000150
y3=sλ/d3	m	0,0003000	0,0005000	0,0003750	0,0000150
y4=sλ/d4	m	0,0003000	0,0005000	0,0003750	0,0000150

I tabellen ovan visar vi några beräkningsvärden. *y1, y2, y3* och *y4* är avstånd mellan två toppar i interferensmönstret.

Om man tar *v = 30 km/s* så som man gjorde i Michelson-Morley experimentet ser vi att skillnaden mellan storleken på dessa avstånd är mycket liten.

SR (LT, LF, TD, LK) = NONSENS

y1-y2	m	0,00000003	0,00000003	0,00000003	0,00000003
y2-y3	m	0,00000003	0,00000003	0,00000003	0,00000003
y3-y4	m	0,00000003	0,00000003	0,00000003	0,00000003
y4-y1	m	0,00000003	0,00000003	0,00000003	0,00000003

När man vrider interferometern med *90°*
blir Δy = *0,000 000 03 m* som är *30 nanometer*.
Kunde man avläsa dessa små skillnader år 1887?
Tveksamt!

1 nm, en nanometer är lika med
    0,000 000 001 meter och då ovan Δy är
    0,000 000 030 meter (30 nm)

Det är inte konstigt att man inte kunde avgöra hur det ligger till med Jordens hastighet gentemot etern!
Det är inte konstigt att man drog fel slutsats angående etern! Det är inte konstigt att det blev negativt resultat!

Det som är mest märkligt i mina beräkningar är att för ett värde av v får man ungefär samma Δy mellan de olika delmoment, när interferometern vrids med 90°. Och tänk på att jag har använt v = *30 km/s* och *600 km/s*. Det är 20 gånger mer i det andra fallet! Detta innebär att Michelson interferometer var **inte lämplig att användas** för avsett ändamål, att mätta Jordens hastighet i världsrymden!

I denna analys har jag tillämpat beräkningar som gäller för 2-spalt interferens. I Michelson-Morley experimentet använder man tidsskillnad mellan de två ljusstrålar. Nedan gör vi också denna analys.

Fig. 12-13	Exp. 1	$\Delta t = (a-b)/c$
Fig. 14-15	Exp. 2	$\Delta t = 0$
Fig. 16	Exp. 3	$\Delta t = (a-b)/c$
Fig. 17-18	Exp. 4	$\Delta t = 0$

Detta beräknas på liknande sätt som vi beräknade det rumsliga avståndet mellan S_1 och S_2.

Vi beräknar $N = \Delta t / T$ där $T = 1{,}83 * 10^{-15}$ s.

Fig. 12-13	Exp. 1	$N = 0{,}364\ (0{,}40)$
Fig. 14-15	Exp. 2	$N = 0$
Fig. 16	Exp. 3	$N = 0{,}364\ (0{,}40)$
Fig. 17-18	Exp. 4	$N = 0$

I Exp. 2 och 4 finns ingen tidsskillnad mellan de två ljusstrålar som betyder att det bör inte skapas något interferensmönster! Gjorde det?

Vi ser på bilderna i ovan fyra experiment att för ljusstrålarna S_1 och S_2 finns det både en rumsligt och tidsmässigt 'avstånd'. Hur formas interferensmönstret i dessa fall?

SR (LT, LF, TD, LK) = NONSENS
Matematiken och relativitetsteorin

I fysiken använder man sig av matematiken på ett sätt som få andra ämnen gör. Ta till exempel följande formeln:
längden = hastigheten * tiden
eller
$l = vt$

Enheten för de fysikaliska storheter som ingår i denna formeln är följande:
- längden (meter)
- hastighet (meter/sekund)
- tiden (sekund)

Ta ett annat exempel: beräkning av area för en *rätvinklig* triangel.

$A = ab/2$ där a, b är triangelns kateter.

Det är av största vikt att båda kateter har samma enheter.

Jag åberopar *Introduction to Physics* av J.D. Curtnell och Kenneth W. Johnson, sida 4:
"Endast kvantiteter med samma enheter kan adderas eller subtraheras." (min översättning)

SR (LT, LF, TD, LK) = NONSENS

Nu tittar vi i boken [14] sida 9-10: här finns det ritad en *rätvinklig* triangel där ena kateten, A, **representerar tiden** och har som enhet *år*, den andra kateten, B, **representerar avstånd/längd** och har som enhet *ljusår*.

Vidare beräknar man hypotenusan, C, med något som man kallar "modifierad Pythagoras sats".

$$C^2 = A^2 - B^2$$

$A = 590/0,999$ år, $B = 590$ ljusår → $C = 26$ år

Citat från [14]:
"Om vi tillåter oss att modifiera Pythagoras sats lite gran, så kan vi faktiskt få det att stämma."
...
"Vad Einstein visade när han 1905 lade fram den speciella relativitetsteorin var alltså: Pythagoras sats gäller även i rumtiden, fast modifierat genom ett minustecken framför den kortaste katetens kvadrat."

Om jag skulle ha gjort något sådant i någon av mina tentamen i matematik skulle jag aldrig ha fått min diplom! Nej! Så kan man inte göra! Man kan inte ändra ens "lite" i de befintliga regler, formler, definitioner, för att få sina resultat att stämma ...

SR (LT, LF, TD, LK) = NONSENS

Fysiken och relativitetsteorin

Se eventuellt kapitlet *Registrering, beräkning och transformation av koordinater* från sida 16.

I boken *[3], sida 125; Appendix;*
En enkel härledning av Lorentztransformationen
hänvisas till bilden på sida 66 (i den boken).
"En ljussignal som löper längs den positiva x-axeln fortplantas enligt ekvationen $x = ct$."
På liknande sätt kommer man till $x' = ct'$. Ljussignalen fortplantas med samma hastighet c även i det andra koordinatsystem.

Vi visar liknande bild nedan, Fig. 20.

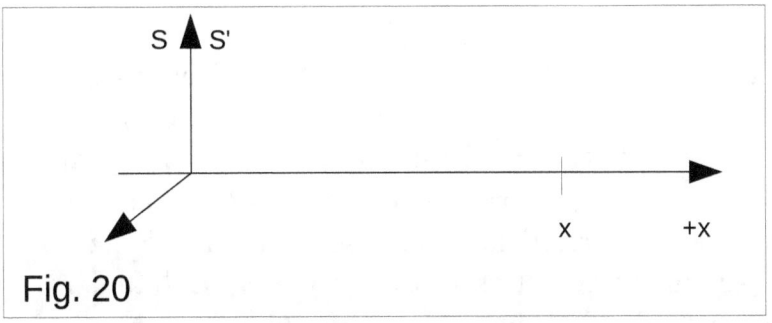

Fig. 20

Här har vi två referenssystem S och S' som sammanfaller vid början av experimentet.

På x-axeln uppkommer en händelse på avstånd x från båda referenssystem.
De två referenssystem S och S' kommer att få information om händelsen när ljussignalen når de. Vi säger att S och S' är stillastående gentemot varandra. Då har vi följande situation, Fig. 21.

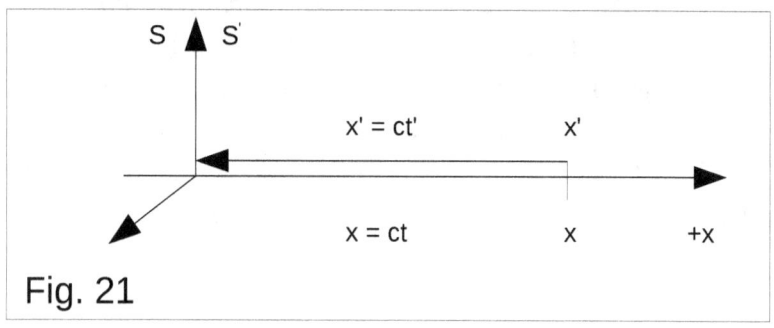

Fig. 21

I detta fall har vi $x = x'$ och $t = t'$.

Nu betraktar vi följande fall: när händelsen uppstår i referenssystemet S i punkten x på x-axeln börjar S' röra sig åt höger med hastigheten $v > 0$. Ljussignalen kommer att möta först referenssystemet S' och lite senare S. I ögonblicket när ljussignalen når S' har ljussignalen avverkat avståndet $x' = ct'$. Och under samma tid har S' avverkat avståndet vt' åt höger. Ljussignalen fortsätter mot S och avverkar avståndet $x = ct$. Vi illustrerar detta i Fig. 22.

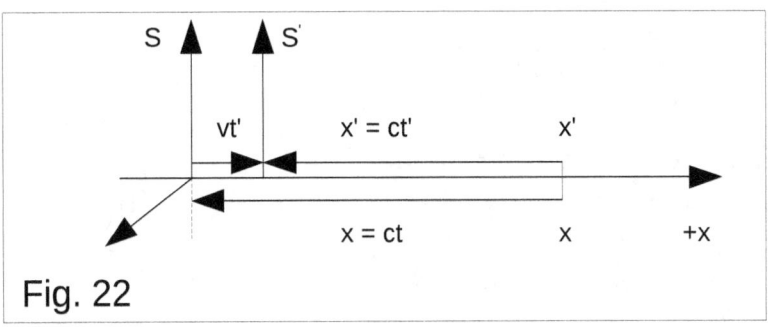

Fig. 22

Härifrån får vi
$$x = x'+vt'$$
eller
$$ct = ct'+vt' \rightarrow ct = t'(c+v)$$
eller
$$t = t'(c+v)/c \rightarrow t' = tc/(c+v)$$

Dessa relationer mellan x och x' och även mellan t och t' resulterar från en fysikalisk situation när två referenssystem rör sig gentemot varandra med hastighet $v > 0$.

Vi ser att
$$x = x'+vt' \rightarrow x' = x\text{-}vt'$$
och
$$t' = tc/(c+v) \rightarrow x' = x\text{-}tcv/(c+v) \tag{1}$$

Lorentztransformationer:

$$x' = (x - vt)\gamma \qquad (LT_1)$$
$$t' = (t - vx/c^2)\gamma \qquad (LT_2)$$

Vi jämför första ekvationen
$$x' = x\gamma - vt\gamma \qquad (LT_1)$$
med
$$x' = x\text{-}tcv/(c+v) \qquad (1)$$

Detta kan vara sant endast om $\gamma = 1$.

Härifrån resulterar att $v = 0$.

Detta resultat, $v = 0$, är i motsägelse med teorins antagande att de två referenssystem rör sig gentemot varandra med konstant hastighet $v > 0$!

Detta visar att den speciella relativitetsteori innehåller felaktigheter, inte är självkonsistent (not self-consistent).

SR (LT, LF, TD, LK) = NONSENS

Den speciella relativitetsteorin och LT

Vi gör en noggrann analys av
Lorentztransformationer, LT, utifrån vad de säger och
vad den speciella relativitetsteorin säger.

Lorentztransformationer:

$x' = (x - vt)\gamma$ \qquad (LT$_1$)
$t' = (t - vx/c^2)\gamma$ \qquad (LT$_2$)

där $\gamma = 1/(1 - v^2/c^2)^{1/2}$ kallas Lorentzfaktorn.

Den speciella relativitetsteori – SR – behandlar två
referenssystem, S och S', som rör sig med hastighet
$v > 0$ gentemot varandra. Den säger också att
ingenting kan röra sig snabbare än ljuset. Då har vi
följande villkor som måste följas när vi arbetar med
SR.

$0 < v < c < +\infty$

Härifrån får vi

$0 < 1 < \gamma < +\infty$

Vi betraktar en händelse som uppstår i de två

referenssystem. En observatör i referenssystemet får vetskap om denna händelse när ljussignalen från händelsen registreras i respektive referenssystem. Se Fig. 23.

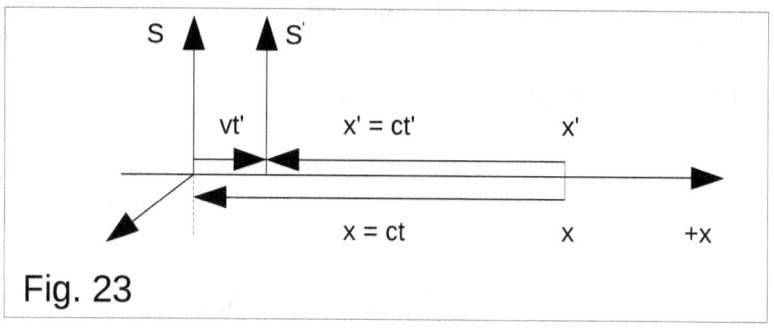

Fig. 23

Här har vi ytterligare villkor som måste följas när vi arbetar med SR och Lorentztransformationer – LT.

$x = ct, \; x' = ct'$

Dessa framgår från boken *[3]*, sida 125; Appendix; En enkel härledning av Lorentztransformationen.

Nedan gör vi en analys om vad som händer om en av variablerna x, t, x', t' sätts till noll.

a1) $x' = 0$
Från $x' = ct'$ och $x' = 0 \to t' = 0$
Från LT1, $x' = 0 \to 0 = (x - vt)\gamma \to x - vt = 0 \to x = vt$
Från $x = vt$ och $x = ct \to ct = vt \to ct - vt = 0$
$\to t(c-v) = 0$
Från $v < c \to c-v > 0 \to t = 0$
Från $t = 0$ och $x = ct \to x = 0$

a2) $t' = 0$
Från $x' = ct'$ och $t' = 0 \to x' = 0$
Från LT1, $x' = 0 \to 0 = (x - vt)\gamma \to x - vt = 0 \to x = vt$
Från $x = vt$ och $x = ct \to ct = vt \to ct - vt = 0$
$\to t(c-v) = 0$
Från $v < c \to c-v > 0 \to t = 0$
Från $t = 0$ och $x = ct \to x = 0$

a3) $x = 0$
Från $x = ct$ och $x = 0 \to t = 0$
Från LT1, $x = 0, t = 0 \to x' = (0 - 0)\gamma \to x' = 0$
Från $x' = ct'$ och $x' = 0 \to t' = 0$

a4) $t = 0$
Från $x = ct$ och $t = 0 \to x = 0$
Från LT1, $t = 0, x = 0 \to x' = (0 - 0)\gamma \to x' = 0$
Från $x' = ct'$ och $x' = 0 \to t' = 0$

Dessa fyra resultat säger oss att om en av variablerna x, t, x', t' är noll då måste alla andra vara noll! Detta säger oss också att om en av variablerna x, t, x', t' är noll då befinner sig båda referenssystem i **en enda punkt**. Då behövs inga Lorentztransformationer.

Ovan använde vi oss endast av Lorentztransformationer – LT och av villkor $x = ct$ och $x' = ct'$.

Fundera över detta en stund.

Vad innebär ovan resultat? Det innebär att:

Om det uppkommer en händelse $E = (x, t)$ i referenssystem S och om någon av variabler x, t är noll då kommer det andra referenssystem S' att registrera en händelse $E' = (x', t') = (0, 0)$.

Om det uppkommer en händelse $E' = (x', t')$ i referenssystem S' och om någon av variabler x', t' är noll då kommer det andra referenssystem S att registrera en händelse $E = (x, t) = (0, 0)$.

Vi analyserar ett konkret exempel. Se Fig. 24.

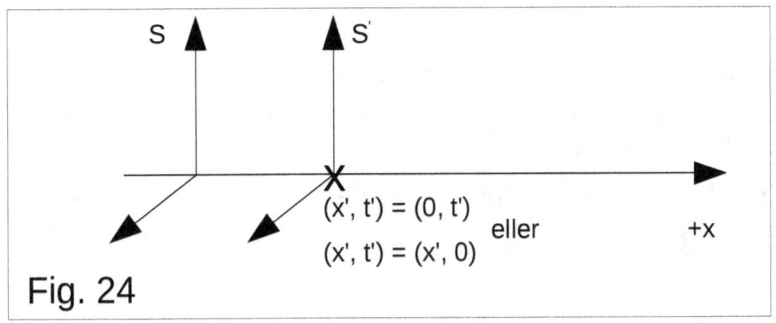
Fig. 24

Om vi har en situation som i Fig. 24 innebär resultatet ovan att Lorentztransformationer – LT tvingar de två referenssystem att sammanfalla i ett.

Se Fig. 25.

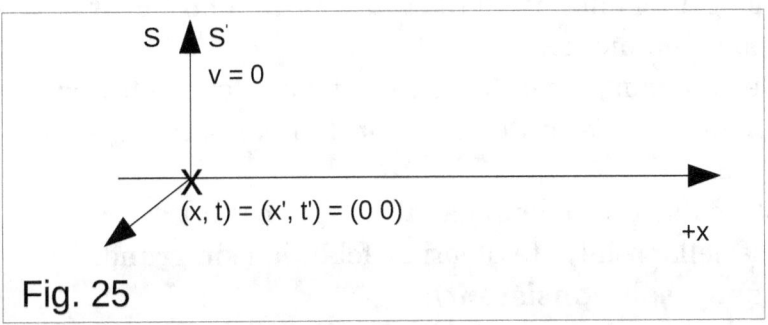
Fig. 25

Vi analyserar nu ett exempel där alla variabler x, t, x', t' är skilda från noll.

SR (LT, LF, TD, LK) = NONSENS

Se Fig. 23. Vi har $x = x' + vt'$ eller $ct = ct' + vt'$.

Från $ct = ct' + vt'$ → $t = t'(c+v)/c$ och $t' = tc/(c+v)$
Från LT1, $x' = ct'$, $x = ct$, $t' = tc/(c+v)$ → $ct' = (ct - vt)\gamma$
→ $c^2t/(c+v) = t(c-v)\gamma$
Vi delar med t och får $c^2/(c+v) = (c-v)\gamma$ → $\gamma = c^2/(c^2-v^2)$
→ $v = 0$

Hur än vi gör, vilka enskilda fall vi analyserar kommer vi till slutsatsen att $v = 0$ **eller att Lorentztransformationer gäller endast i punkten $(x, t) = (x', t') = (0, 0)$.**

Vi kan säga att Lorentztransformationer har ett inbyggt fel eller att deras tillämpningsområde är endast en punkt.
De står som grund för den speciella relativitetsteori och det betyder att denna teori har också inbyggt fel.

Slutsatsen från denna analys säger oss att den speciella relativitetsteori är felaktig i sin grund, **(is not self-consistent)**!

Relativitet med klassisk fysik

Vi ska titta nu på hur vi kan beräkna avstånd/längd mellan två punkter, i de två referenssystem.
Se Fig. 26.

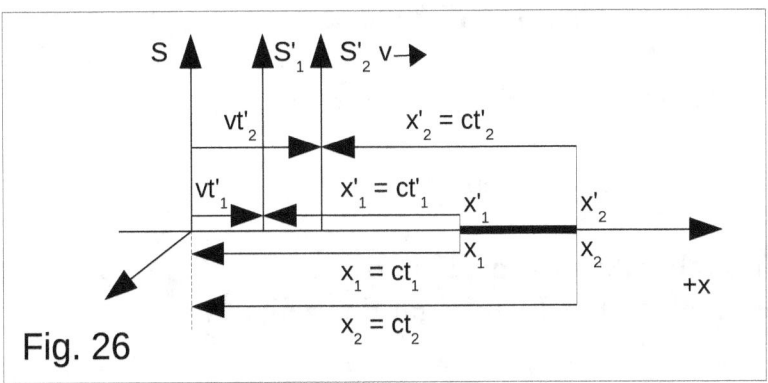

Fig. 26

Vi har två referenssystem S och S'. S' rör sig åt höger med hastighet $v > 0$. När experimentet börjar, befinner sig båda referenssystem i samma punkt. Då sänds två ljussignaler från punkterna x_1 och x_2 på x-axeln. Vi kan säga att två händelser, E_1 och E_2, uppstår i samma ögonblick men i två olika punkter på x-axeln.

För referenssystemet S gäller:

$$E_1 = (x_1, t_1) \text{ och } E_2 = (x_2, t_2).$$

SR (LT, LF, TD, LK) = NONSENS

Avståndet mellan x_1 och x_2 blir då

$$\Delta x = x_2 - x_1 = c(t_2 - t_1).$$

För referenssystemet S' gäller:

$$E'_1 = (x'_1, t'_1) \text{ och } E'_2 = (x'_2, t'_2).$$

Avståndet mellan x'_1 och x'_2 blir då

$$\Delta x' = x'_2 - x'_1 = c(t'_2 - t'_1).$$

Vi ska beräkna $\Delta x'$ med hjälp av Δx.
Från bilden Fig. 26 framgår det tydligt att

$$x_1 = x'_1 + vt'_1 \rightarrow ct_1 = ct'_1 + vt'_1 = t'_1(c+v)$$
$$x_2 = x'_2 + vt'_2 \rightarrow ct_2 = ct'_2 + vt'_2 = t'_2(c+v)$$

$$ct_1 = t'_1(c+v) \rightarrow t'_1 = t_1c/(c+v)$$
$$ct_2 = t'_2(c+v) \rightarrow t'_2 = t_2c/(c+v)$$

Då beräknar vi $\Delta x' = x'_2 - x'_1 = c(t'_2 - t'_1) \rightarrow$
$$\Delta x' = c[t_2c/(c+v) - t_1c/(c+v)] \rightarrow$$
$$\Delta x' = c[(t_2 - t_1)(c/(c+v)] = \Delta x[c/(c+v)]$$

SR (LT, LF, TD, LK) = NONSENS

Så vi har
$$\Delta x' = \Delta x[c/(c+v)]$$
$$\Delta x = \Delta x'[(c+v)/c].$$

Vi ska titta nu på hur vi kan beräkna ett tidsintervall i de två referenssystem. Se Fig. 27.

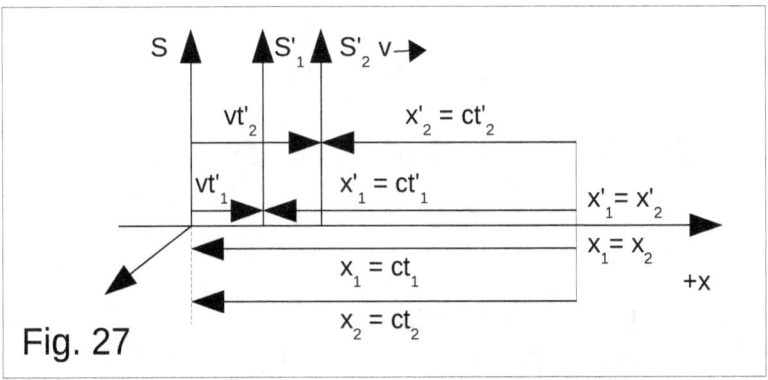

Fig. 27

Vi har två referenssystem S och S'. S' rör sig åt höger med hastighet $v > 0$. När experimentet börjar, befinner sig båda referenssystem i samma punkt. Då sänds två ljussignaler från punkten $x_1 = x_2$ på x-axeln. Vi kan säga att två händelser, E_1 och E_2, uppstår i samma punkt på x-axeln men med en tidsskillnad mellan dem.

SR (LT, LF, TD, LK) = NONSENS

För referenssystemet S gäller:

$$E_1 = (x_1, t_1) \text{ och } E_2 = (x_2, t_2).$$

Tidsskillnaden mellan t_1 och t_2 blir då

$$\Delta t = t_2 - t_1.$$

För referenssystemet S' gäller:

$$E'_1 = (x'_1, t'_1) \text{ och } E'_2 = (x'_2, t'_2).$$

Tidsskillnaden mellan t'_1 och t'_2 blir då

$$\Delta t' = t'_2 - t'_1.$$

Vi ska beräkna $\Delta t'$ med hjälp av Δt.
Från bilden Fig. 27 framgår det tydligt att

$$ct_1 = t'_1(c+v) \rightarrow t'_1 = t_1 c / (c+v)$$
$$ct_2 = t'_2(c+v) \rightarrow t'_2 = t_2 c / (c+v)$$

Då beräknar vi $\Delta t' = t'_2 - t'_1 = (t_2 - t_1)[c/(c+v)] \rightarrow$
$$\Delta t' = \Delta t[c/(c+v)]$$

SR (LT, LF, TD, LK) = NONSENS

Så vi har

$\Delta t' = \Delta t[c/(c+v)]$

$\Delta t = \Delta t'[c+v)/c)]$

Vi ser att omvandlingsfaktor:

mellan S och S' är $(c+v)/c$ och
mellan S' och S är $c/(c+v)$.

Men detta innebär INTE att om tidsintervallet som uppmätes i de två referenssystem är olika, att tiden går olika i de.
Det handlat INTE om någon tidsdilatation!

Det handlat INTE "att tiden måste gå olika fort för iakttagare som rör sig i förhållande till varandra".

Detta innebär INTE att om längden på ett måttstock som uppmätes i de två referenssystem är olika, att måttstock har olika längd.
Det handlat INTE om någon längdkontraktion!

Och ljusklocka tickar på samma sätt i ett system i villa och i ett som rör sig.

Våra intryck och mätningar är relativa men verkligheten är absolut!

Så omvandlingsfaktor – vi skulle kunna kalla den **relativitetsfaktor (rf)** - mellan S och S' och tvärtom är

$$rf_f (S', S) = c/(c+v)$$
$$rf_f (S, S') = (c+v)/c$$

Men detta gäller endast om händelserna vi behandlar uppstår "framför" S', eller sagt på annat sätt om S' närmar sig händelserna vi mäter.
Men om händelserna vi behandla uppstår "bakom" S', eller sagt på annat sätt om S' avlägsnar sig händelserna vi mäter då blir relativitetsfaktor en annan:

$$rf_b (S', S) = c/(c-v)$$
$$rf_b (S, S') = (c-v)/c$$

Se kapitel *Registrering, beräkning och transformation av koordinater* och bilden Fig. 6.

Här ser vi att transformation av koordinater mellan två referenssystem är inte densamma längs hela x-axeln.

Transformation av koordinater mellan två referenssystem som rör sig med konstant hastighet, $v > 0$, gentemot varandra **är inte linjär**!

SR (LT, LF, TD, LK) = NONSENS

I de olika svar jag fick på mina e-post brev har en och annan påstått att den speciella relativitetsteorin används ju!

Därför har jag undrat hur är det möjligt att det inte upptäcks något anomali i alla mätningar man gör.

I tabellen nedan jämför vi värdet på

- Lorentz faktorn $\gamma = 1/(1 - v^2/c^2)^{1/2}$
- relativitetsfaktor $rf_f(S', S) = c/(c+v)$
- relativitetsfaktor $rf_f(S, S') = (c+v)/c$
- relativitetsfaktor $rf_b(S', S) = c/(c-v)$
- relativitetsfaktor $rf_b(S, S') = (c-v)/c$

c i km/s	300 000
v i km/s	30
Faktor	Värde
Lorentz faktorn y = $1/(1 - v^2/c^2)^{1/2}$	1,000000005
relativitetsfaktor $rf_f(S', S) = c/(c+v)$	0,999900010
relativitetsfaktor $rf_f(S, S') = (c+v)/c$	1,000100000
relativitetsfaktor $rf_b(S', S) = c/(c-v)$	1,000100010
relativitetsfaktor $rf_b(S, S') = (c-v)/c$	0,999900000

Vi ser att när $v = 30\ km/s$ blir skillnaden mellan Lorentzfaktorn och de andra faktorer ca +- *0,0001*.

SR (LT, LF, TD, LK) = NONSENS

Härledning av LT

Vi följer resonemanget och beräkningarna från
[7], sida 14-15. Men denna gången använder vi egna
notationer.
Se kapitlet Härledning av Lorentztransformationer 1
i denna boken.

I början har man två linjära ekvationer:

LE1: $x' = Ax+Bt$
LE2: $t' = Cx+Dt$

där A, B, C, D är konstanter.

För att lösa ovan ekvationssystem använder man tre
specialfall:

c1) Objektet i vilket händelse E uppstår är i S'-origo.
$E' = (x', t') = (0, t')$
c2) Objektet i vilket händelse E uppstår är i S-origo.
$E = (x, t) = (0, t)$
c3) Man likställer objektet i vilket händelse E uppstår
med en ljusstråle.

Av dessa resulterar tre par villkor som man ersätter i
LE1 och LE2. Dessa tre specialfall utgör då följande

- 88 -

ekvationssystem:

SC1: $x' = 0$, $x = vt$
SC2: $x' = -vt'$, $x = 0$
SC3: $x' = ct'$ och $x = ct$

Vi ersätter dessa specialfall i LE1 och LE2.

LE1, SC1: → $0 = Avt+Bt$
LE2, SC1: → $t' = Cvt + Dt$

LE1, SC2: → $-vt' = Bt$
LE2, SC2: → $t' = Dt$

LE1, SC3: → $ct' = Act + Bt$
LE2, SC3: → $t' = Cct + Dt$

Här ser vi att dessa resultat visar olika relationer mellan t, t', A, B, C, D.
Vidare får man:

Från LE1, SC1: → $0 = Avt+Bt$ → $B = -Av$
Från LE1, SC2 och LE2, SC2 → $B = -Dv$
→ $D = A$

Från LE1, SC3 och LE2, SC3 och $B = -Av$ och $D = A$
→ $C = -Av/c^2$

Till slut får man Lorentztransformationer, LT.

$$LT1: x' = (x - vt)\gamma$$
$$LT2: t' = (t - vx/c^2)\gamma$$

där $\gamma = 1/(1 - v^2/c^2)^{1/2}$ kallas Lorentzfaktorn.

Jag anser att allt INTE gick som det ska!
Därför delar vi härledningen av LT i två delar:

Variant 1: $t = 0$
Variant 2: $t\ != 0$

Observera att variant 1 är fallet när båda referenssystem S och S' befinner sig i samma punkt och tiden är nollställd och då har vi

$$(x', t') = (x, t) = (0, 0)$$

Observera också att i detta fall, $t = 0$, kommer våra ekvationer och specialfall att se ut på följande sätt:

$$LE1: x' = 0$$
$$LE2: t' = 0$$

SCt: $t = 0$
SC1: $x' = 0, x = 0$
SC2: $x' = 0, x = 0$
SC3: $x' = 0, x = 0$

Då måste man också inse att det går inte att göra någon härledning i detta fall!

Nu följer vi härledningen från [7] men med våra egna notationer:
Variant 2: $t\mathrel{!}= 0$

Med detta sagt börjar vi om på nytt:

LE1: $x' = Ax+Bt$
LE2: $t' = Cx+Dt$

där A, B, C, D är konstanter.

SCt: $t\mathrel{!}= 0$
SC1: $x' = 0, x = vt$
SC2: $x' = -vt', x = 0$
SC3: $x' = ct'$ och $x = ct$

Vi ersätter speciella villkor, ett och ett, i de två linjära ekvationer och gör de enklaste beräkningar:

SR (LT, LF, TD, LK) = NONSENS

LE1, SC1: → $0 = Avt + Bt$
LE2, SC1: → $t' = Cvt + Dt$

LE1, SC2: → $-vt' = Bt$
LE2, SC2: → $t' = Dt$

LE1, SC3: → $ct' = Act + Bt$
LE2, SC3: → $t' = Cct + Dt$

Vi börjar analysera dessa resultat.

LE1, SC1: → $0 = Avt + Bt$ → $0 = t(Av + B)$

Nu kan vi dra slutsatsen att $Av + B = 0$, nu är detta resultat tvingande! På grund av att $t \mathrel{!}= 0$ **måste** →

$$Av + B = 0 \rightarrow B = -Av$$

Resultatet ResH1: $B = -vA$

LE1, SC2: → $-vt' = Bt$
LE2, SC2: → $t' = Dt$

Vi ersätter $t' = Dt$ i $-vt' = Bt$ och får: $Bt = -Dvt$
Här **kan** vi dividera med t $(t \mathrel{!}= 0)$: → $B = -Dv$

Resultatet ResH2: $B = -vD$

Från ResH1 och ResH2 → $D = A$

Resultatet ResH3: $D = A$

Vidare tillämpar vi ResH1, ResH2 och ResH3 på

LE1, SC3: → $ct' = Act + Bt$
LE2, SC3: → $t' = Cct + Dt$

Då får vi:

LE1, SC3: → $ct' = Act - Avt$
LE2, SC3: → $t' = Cct + At$

Vi multiplicerar hela ekvationen $t' = Cct + At$ med c och får

LE2, SC3: → $ct' = Cc^2t + Act$

Från $ct' = Act - Avt$ och $ct' = Cc^2t + Act$ →

$Cc^2t = -Avt$, här **kan** vi dividera med t och får

$Cc^2 = -Av$ → $C = -vA/c^2$

Resultatet ResH4: $C = -vA/c^2$

SR (LT, LF, TD, LK) = NONSENS

Men OBS! OBS! OBS!
I denna härledning har man i boken [7] **inte** använt ekvationen

LE2, SC1: → $t' = Cvt + Dt$

Så kan man INTE göra. Man **måste** använda alla ekvationer och alla villkor när man löser ett system av ekvationer! Var man medveten om detta? Varför har man inte använt denna ekvation?!

Vi kan ersätta $C = -vA/c^2$ och $D = A$ i den
glömda ekvationen
$t' = Cvt + Dt$.
Vi gör några beräkningar och får:

$$t' = At(1- v^2/c^2) \rightarrow t' = t/\gamma$$

Detta resultat visar att tiden **kontraherar** i stället för att **dilatera**. RS säger att $t' = t\gamma$, som är formeln för tidsdilatation, TD. Men om man ersätter konstanterna C och D i den **glömda ekvationen** och sedan ersätter $A = \gamma$ får vi som resultat $t' = t/\gamma$.

Hur förklarar relativister detta resultat?

- 94 -

Verifiering av LT

Vi följer resonemanget och beräkningarna från
[7], sida 14-15. Men denna gången använder vi egna notationer.
Se kapitel Härledning av Lorentztransformationer 1 i denna boken.

I boken [7] utgår man från två linjära ekvationer

LE1: $x' = Ax+Bt$
LE2: $t' = Cx+Dt$

där A, B, C, D är konstanter.

Man använder sig av tre specialfall:

SC1: $x' = 0, x = vt$
SC2: $x' = -vt', x = 0$
SC3: $x' = ct'$ och $x = ct$

Man ersätter dessa specialfall i LE1 och LE2 och får

LT1: $x' = (x - vt)\gamma$
LT2: $t' = (t - vx/c^2)\gamma$

där $\gamma = 1/(1 - v^2/c^2)^{1/2}$ kallas Lorentzfaktorn.

Men om Lorentztransformationer härledes från LE1, LE2 genom att använda SC1, SC2, SC3 då innebär att dessa tre specialfall bör verifiera LT1, LT2 utan att man kommer till motsägelse.

Vi gör nu denna verifiering. Vi ersätter specialfall SC i Lorentztransformationer LT.

LT1, SC1 $\rightarrow$ $0 = 0$
LT2, SC1 $\rightarrow$ $t' = t(1-v^2/c^2)\gamma \rightarrow t' = t/\gamma$

LT1, SC2 $\rightarrow$ $t' = t\gamma$
LT2, SC2 $\rightarrow$ $t' = t\gamma$

LT1, SC3 $\rightarrow$ $t' = t(1-v/c)\gamma$
LT2, SC3 $\rightarrow$ $t' = t(1-v/c)\gamma$

Vi ser att denna verifiering ger oss **ganska olika** relationer mellan t' och t!

Enligt mina kunskaper i matematiken bör man få en **likhet** från varje verifikation!
Man undrar varför man får likhet endast i ett enda av sex verifieringar! Det känns inte riktigt bra!

Nedan ger jag ett exempel på liknande fall vi gjorde i skolan:

SR *(LT, LF, TD, LK)* = *NONSENS*

Vi har en linjär ekvation som representerar en linje i ett koordinatsystem *(x, y)*.

LE1: $ax + by + c = 0$;

Säg att denna linje skär y-axeln i punkten

(x, y) = (0, 6)

SC1: $x = 0; y = 6$

Säg att denna linje skär x-axeln i punkten

(x, y) = (-4, 0)

SC2: $x = -4; y = 0$

Vi härleder var ekvation från LE1 med hjälp av SC1 och SC2. Man ersätter värdet på *x* och *y* i LE1 och får värdena för konstanterna *a, b, c*.

LT1: $3x - 2y + 12 = 0$

Så vi har i början en generell ekvation LE1 och två specialfall SC1, SC2 och från dessa får vi formen för vår ekvation, vår linje.

SR (LT, LF, TD, LK) = NONSENS

LE1: $ax + by + c = 0$;
SC1: $x = 0; y = 6$
SC2: $x = -4; y = 0$
$\rightarrow$
LT1: $3x - 2y + 12 = 0$

Nu vill vi vara säkra att vi räknade rätt, därför verifierar vi våra beräkningar.

Verifiering 1 (LT1, SC1): Vi ersätter SC1 i LT1.

$3(0) - 2(6) + 12 = 0 \rightarrow 0 - 12 + 12 = 0 \rightarrow \mathbf{0 = 0} \rightarrow OK$

Verifiering 2 (LT1, SC2): Vi ersätter SC2 i LT1.

$3(-4) - 2(0) + 12 = 0 \rightarrow -12 - 0 + 12 = 0 \rightarrow \mathbf{0 = 0} \rightarrow OK$

I båda verifieringar fick vi som resultat en **likhet**!

Så bör det vara även när man löser ett system av två ekvationer eller flera. Så bör det vara även när man verifierar härledningen av LT!

Vi visar vår skolexempel i Fig. 28.

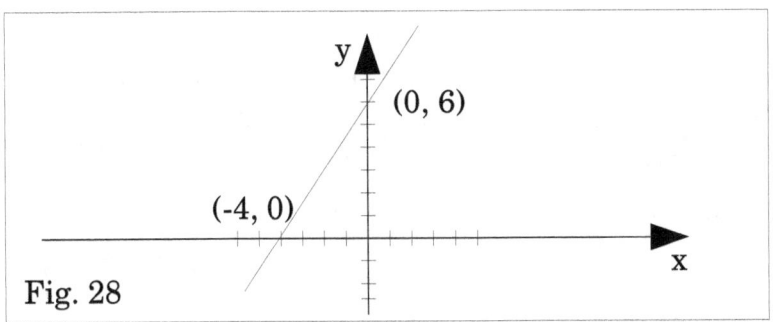

Fig. 28

Nu återgår vi till verifieringen av härledningen av LT.

Vi har fått följande resultat:

ResV1: LT1, SC1 → $0 = 0$
ResV2: LT2, SC1 → $t' = t/\gamma$
ResV3: LT1, SC2 → $t' = t\gamma$
ResV4: LT2, SC2 → $t' = t\gamma$
ResV5: LT1, SC3 → $t' = t(1-v/c)\gamma$
ResV6: LT2, SC3 → $t' = t(1-v/c)\gamma$

Hur är detta möjligt? Varför får vi så olika relationer mellan t' och t? Varför får vi inte **en likhet** för varje verifikation?

Den speciella relativitetsteorin ger olika formler för relationen mellan t' och t beroende av hur experimentet är upplagt.

Kolla i litteraturen begreppet tidsdilatation, TD.
Den speciella relativitetsteorin säger att tiden i
referenssystemet som rör sig är

TD: $t' = t\gamma$

Vi ser att detta gäller endast i 1 av 3 specialfall,
eller i 2 av 6 verifieringsresultat!

Hur ska man tolka detta? Att tidsdilatationen, TD och
med den även längdkontraktion, LK är beroende av
var någonstans händelserna som vi analyserar
uppstår?

Jag har läst en del om den speciella relativitetsteorin
men aldrig har jag påträffat en sådan förklaring!
I alla fall skryter man inte om det!

SR = Den speciella relativitetsteorin!
Ovan verifiering kan bekräfta att det "stämmer"!
SR är mycket speciell, den gäller endast i 1 av 3
specialfall!

Det är de specialfall med vilka man härledde LT. Och
LT är grunden för hela bygge av SR!

SR (LT, LF, TD, LK) = NONSENS

Jag är faktiskt ganska förvånad över detta! Hur är det möjligt att matematiker och fysiker under alla dessa år har låtit detta fortsätta? Jag vill inte påstå att jag är expert i matematik. Jag är en "vanlig" matematiker. För att analysera SR behövs inga extraordinära kunskaper i matematik!

Men i alla ovan delar av SR som jag har analyserat kommer jag till slutsatsen att LT gäller endast i en enda punkt, eller att $v = 0$, eller till andra resultat som är mer eller mindre konstiga eller oförklarliga!

Kan det vara så att jag har fel i **alla** mina beräkningar, slutsatser? Det är osannolikt! För om någon forskare/relativist påstår att jag har fel måste man visa att jag har fel överallt. Ty det räcker att jag har rätt i en enda del av min analys, då faller hela relativitetsteorin!

Som avslutning skulle jag vilja visa er en logisk analys av härledningen av LT.

Vi har två linjära ekvationer:

LE1: $x' = Ax+Bt$
LE2: $t' = Cx+Dt$

Vi har tre specialfall:

SC1: $x' = 0$, $x = vt$
SC2: $x' = -vt'$, $x = 0$
SC3: $x' = ct'$, $x = ct$

Detta resulterar i LT:

LT1: x' = (x - vt)γ
LT2: t' = (t - vx/c^2)γ

Betrakta dessa delar av härledningen! Kolla föregående kapitel Härledning av LT.

LE1, SC1:
→ Resultatet ResH1: $B = -vA$

LE1, SC2 och LE2, SC2:
→ Resultatet ResH2: $B = -vD$

Från ResH1 och ResH2 → $D = A$
→ Resultatet ResH3: $D = A$

Vidare tillämpar man ResH1, ResH2 och ResH3 på LE1, SC3 och LE2, SC3
→ Resultatet ResH4: $C = -vA/c^2$

Och till slut får man LT:

$$LT1: x' = (x - vt)\gamma$$
$$LT2: t' = (t - vx/c^2)\gamma$$

Betrakta nu de tre specialfall (igen och igen):

$$SC1: x' = 0, x = vt$$
$$SC2: x' = -vt', x = 0$$
$$SC3: x' = ct', x = ct$$

Matematiskt utgör dessa specialfall tre ekvationssystem á två ekvationer var. Men om man tittar noga ser man att dessa tre ekvationssystem är OFÖRENLIGA med varandra!

$$SC1, SC3: \rightarrow v = c$$
$$SC2, SC3: \rightarrow v = -c$$
$$SC1, SC2: \rightarrow x' = 0, t' = 0, x = 0, t = 0$$

Det är därför min analys kom alltid till slutsatsen att LT **inte** stämde med verkligheten!

SR baseras på LT som endast gäller i punkten för experimentets början, då när båda referenssystem befinner sig i samma punkt $(x', t') = (x, t) = (0, 0)$.

Och när de två referenssystem befinner sig i samma punkt då är det meningslöst att prata om några transformationer mellan koordinater mellan dessa två referenssystem!

Vi tittar en gång till på de tre specialfall

$$SC1, SC3: \rightarrow v = c$$
$$SC2, SC3: \rightarrow v = -c$$
$$SC1, SC2: \rightarrow x' = 0, t' = 0, x = 0, t = 0$$

Vad tror du?
För jag kan inte tro på riktigheten av SR efter all denna analys med dess resultat!
Härmed uppmanar jag fysik- och matematikforskare att granska mina beräkningar, mina idéer, mina resultat!

Härmed uppmanar jag relativister att försvara sina påståenden!
Och visa att jag har fel!
Eller erkänna att jag har rätt!

Ty

$\quad$ 0 = 0 är sant
$\quad$ 1 = 0 är falskt

och allt däremellan är också falskt!

SR (LT, LF, TD, LK) = NONSENS

SR och rumtiden

I den speciella relativitetsteorin har man slagit ihop rummet *(x, y, z)* med tiden *(t)* i ett nytt begrepp **rumtiden**.
Då betecknas en punkt i rumtiden med *(x, y, z, t)*.

Vi är vana att representera olika objekt i en plan, på pappret t ex. Då kan man representera linjer, figurer som ligger i en plan.

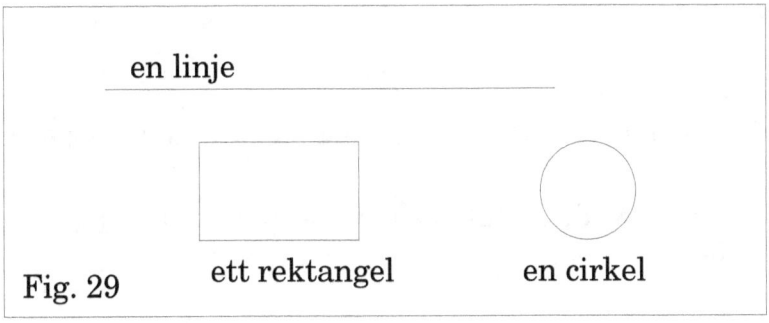

Fig. 29 — en linje, ett rektangel, en cirkel

Det är svarare att jobba med tredimensionella figurer. Tänk dig en kub, en pyramid, en klot.

Och det är **omöjligt** att representera rumtiden på pappret! Vi kan inte rita alla 4 dimensioner!

Men enskilda delar av rumtiden kan man rita på

pappret.

Tänk dig ett experiment där det studerade objektet rör sig endast på en linje, i en plan, t ex x-axeln.

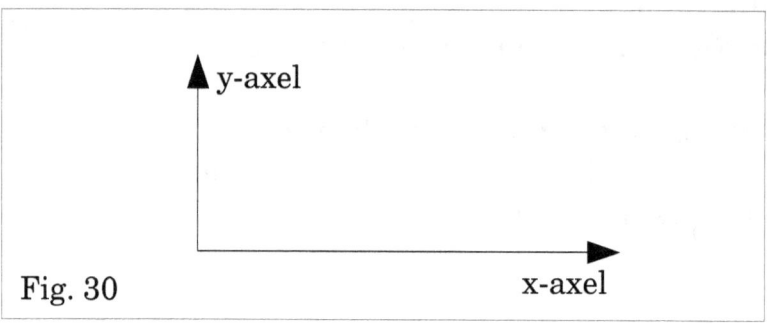

Fig. 30

I Fig. 30 har vi ett 2-dimensionell koordinatsystem.

Nu vänder vi denna plan så att det får ett rumslig utseende.

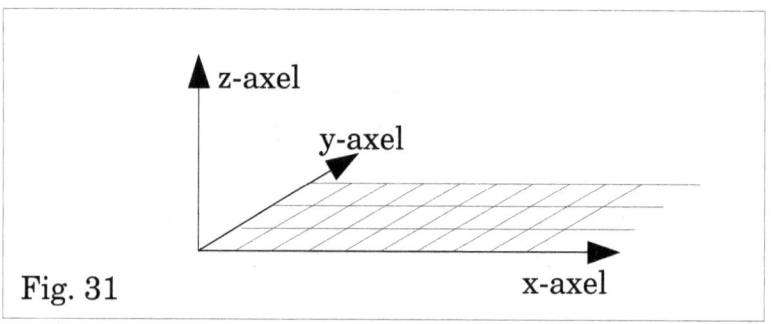

Fig. 31

Nu tar vi bort z-axeln och ersätter den med tidskoordinaten, t-axel. Så, om vi tänker oss två händelser som äger rum i rumtiden vid tiden $t = 0$ och $t = t'$ kommer de att visas på vår bild som i Fig. 32.

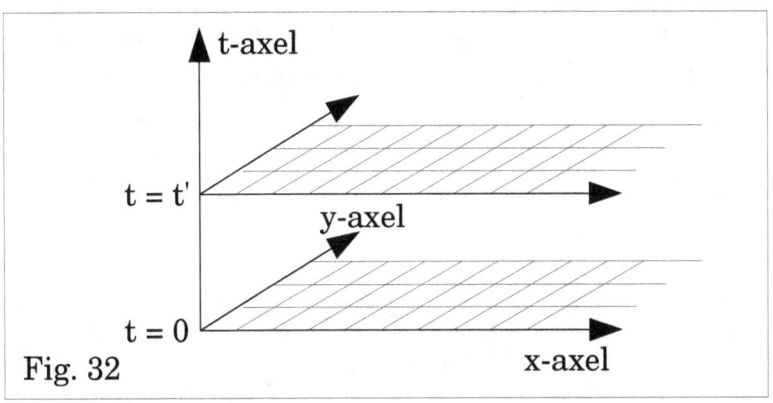

Fig. 32

Vi avbildar nu ett objekt som förflyttar sig mellan två punkter på x-axeln, eller en parallell linje med x-axeln. Dessa två punkter markerar vi med J (Jorden) och B (stjärnan Betelgeuse).
Se Källförteckning *[14]*.

Se Fig. 33. Tänk dig ett rymdskepp som startar i J vid tiden $t = 0$ och når fram till B vid tiden $t = t'$.

När vi ritar detta kommer det att se ut som i Fig. 33.

SR (LT, LF, TD, LK) = NONSENS

När rymdskeppet startar i punkten J befinner det sig i "nedre" planen och när rymdskeppet kommer fram till punkten B befinner det sig i "övre" planen.

Men i verkligheten är det samma plan! Det är bara vår modell som ser ut så. Det är bara vår representation av de 4 dimensioner som förvirrar oss.

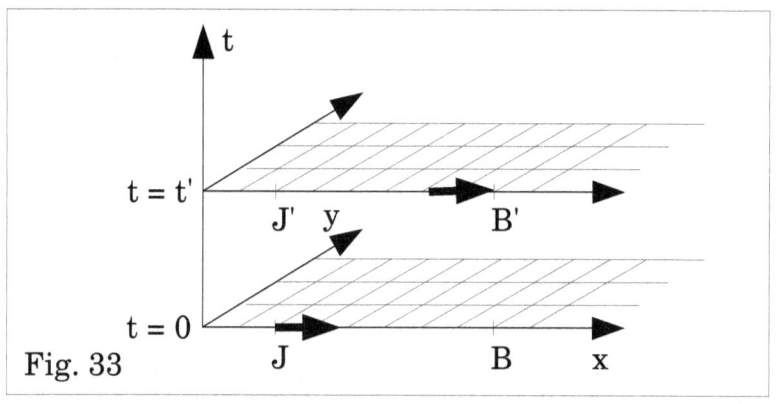
Fig. 33

Inom SR säger man att rymdskeppet har förflyttat sig i rumtiden så som det visas i Fig. 34.

SR säger att rymdskeppet förflyttar sig i rumtiden längs sträckan JB'. I den modellen. Men inte i verkligheten! Det värsta är att man likställer tidsaxeln, t, med en längdaxel, x. Och det kan man göra i modellen men vad har det med verkligheten att göra?

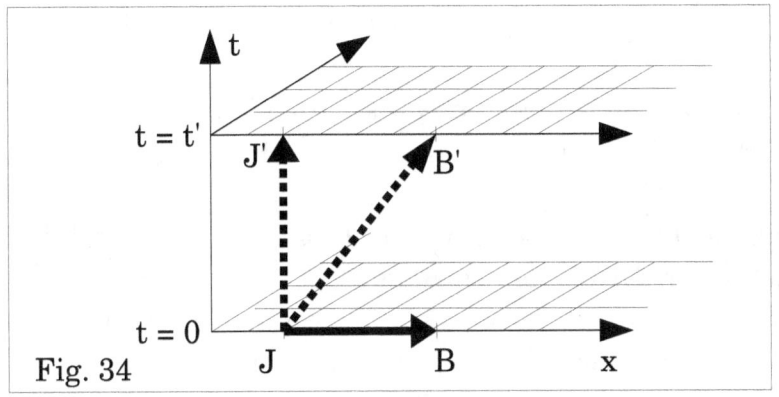

Fig. 34

Rumtiden som man beskriver i SR är ett abstrakt begrepp och har ingenting med vår verklighet att göra!

Gör man en matematisk modell av verkligheten då ska man se till att modellen motsvarar verkligheten!

Man kan rita det som vi gjorde i Fig. 33 och Fig. 34 men man kan inte göra vilka beräkningar som helst.

Om man tittar i boken [14] sida 9 visas en liknande triangel som den vi har i Fig. 34, triangeln JBB'.

Problemet är att i den boken beräknar man diagonalen (hypotenusan) med hjälp av något man kallar modifierad Pythagoras sats:

SR (LT, LF, TD, LK) = NONSENS

(Hypotenusan)^2 =
(Längsta kateten) ^{2} - (Kortaste kateten) ^{2}

Längsta kateten har som enhet, *år* tidsenhet!
Kortaste kateten har som enhet *ljusår*, längd enhet!

Jag åberopar *Introduction to Physics* av J.D. Curtnell och Kenneth W. Johnson, sida 4:
"Endast kvantiteter med samma enheter kan adderas eller subtraheras." (min översättning)

Och sedan ändrar man Pythagoras sats!
Med vilket rätt gör man det?

Två oerhört stora fel!

Man kan inte blanda äpplen och päron i en mixer och tro att man får ren äppelsaft! Det går inte!

SR (LT, LF, TD, LK) = NONSENS

Lorentzfaktorn och dess värde i olika punkter av rumtiden

Vi betraktar Lorentztransformationer, LT, nedan.

LT1: $x' = (x - vt)\gamma$
LT2: $t' = (t - vx/c^2)\gamma$

där $\gamma = 1/(1 - v^2/c^2)^{1/2}$ kallas Lorentzfaktorn.

Lorentzfaktorn är en funktion av hastigheten v.
Om $v = 0$ då är $\gamma = 1$ annars är $\gamma > 1$. γ är alltid $\neq 0$.

I *[1], sida 14-15* gör man härledning av ovan LT och som villkor har man **$v > 0$**.

Man härleder LT från två linjära generella transformationer/ekvationer

LE1: $x' = Ax+Bt$
LE2: $t' = Cx+Dt$.

För denna härledning använder man tre specialfall:

SC1: $x' = 0$, $x = vt$
SC2: $x' = -vt'$, $x = 0$
SC3: $x' = ct'$, $x = ct$

SR (LT, LF, TD, LK) = NONSENS

Vi kan skriva om Lorentztransformationer.

OLT1: $\gamma = x'/(x-vt)$, $x-vt \neq 0$
OLT2: $\gamma = t'/(t-vx/c^2)$, $t-vx/c^2 \neq 0$

Vi kan beräkna värdet på γ med hjälp av variablerna x', t', x, t, v och konstanten c.

Vi beräknar värdet på γ med hjälp av just de tre specialfall som man använde i härledningen av Lorentztransformationer.

Vi gör nu denna beräkning genom att ersätta specialfall SC i Lorentztransformationer LT.
Från punkterna som verifierar SC1-SC3 väljer vi de som har $t > 0$, $t' > 0$ eller $t \neq 0$, $t' \neq 0$.

Om man tänker efter så går det inte att härleda LT när t = 0 och t' = 0.
Ty då blir SC1, SC2 och SC3: x' = 0, x = 0.
Så villkor t > 0 och t' > 0 bör finnas som inledande ursprungsvillkor i härledningen av LT.

OLT1, SC1: $\gamma = x'/(x - vt) = 0/(vt - vt) = 0/0$
(matematisk nonsens)
OLT2, SC1: $\gamma = t'/(t - vx/c^2) = t'/(t - vvt/c^2) =$
$= (t'/t)(1/(1 - v^2/c^2)) = \gamma^2(t'/t) \rightarrow$
$\gamma = \gamma^2(t'/t) \rightarrow \gamma = t/t'$

SR (LT, LF, TD, LK) = NONSENS

OLT1, SC2: $\gamma = x'/(x - vt) = -vt'/(0 - vt) =$
$= -vt'/-vt = t'/t$

OLT2, SC2: $\gamma = t'/(t - vx/c^2) = t'/(t-0) = t'/t$
OLT1, SC3: $\gamma = x'/(x - vt) = ct'/(ct-vt) =$
$= ct'/(t(c-v))$
$\rightarrow \gamma = t'c/t(c-v)$

OLT2, SC3: $\gamma = t'/(t - vx/c^2) = t'/(t-vct/c^2) =$
$= t'/t(1-v/c)$
$\rightarrow \gamma = t'c/t(c-v)$

Vi sammanfattar resultatet av dessa beräkningar:

OLT1, SC1: $\gamma = 0/0$ (matematisk nonsens)
OLT2, SC1: $\gamma = t/t'$

OLT1, SC2: $\gamma = t'/t$
OLT2, SC2: $\gamma = t'/t$

OLT1, SC3: $\gamma = t'c/t(c-v)$
OLT2, SC3: $\gamma = t'c/t(c-v)$

Vi ser att Lorentzfaktorn får olika matematiska **uttryck** för olika punkter av rumtiden.

Ovan resultat ger oss fyra olika uttryck för

SR (LT, LF, TD, LK) = NONSENS

Lorentzfaktor:

R1: $\gamma = 0/0$ (matematisk nonsens)
R2: $\gamma = t/t'$
R3: $\gamma = t'/t$
R4: $\gamma = t'c/t(c-v)$

Men Lorentzfaktorn är funktion av **endast** v. Så oavsett vilken punkt av rumtiden vi använder måste vi få samma värde!

Vi utesluter R1: $\gamma = 0/0$ (matematisk nonsens), men redan detta resultat säger oss att något är fel!
Varför ska vi inte kunna beräkna värdet på γ för en punkt från rumtiden som användes för att härleda Lorentz transformationer?

LT gäller för alla punkter i rumtiden. Så vi ska kunna beräkna värdet för γ i vilken punkt som helst. Och vi bör inte komma till matematisk nonsens!

Matematiken säger att man kan inte översätta en fysikaliskt fenomen hur som helset till en matematisk modell och sedan dra alla möjliga slutsatser från denna modell.

Matematiken är vetenskapens drottning!

SR (LT, LF, TD, LK) = NONSENS

Analys av övriga fall ger följande tre varianter:

V1)

R2: $\gamma = t/t'$
R3: $\gamma = t'/t$
$\to t/t' = t'/t \to t = t' \to \gamma = 1 \to v = 0$

V2)

R3: $\gamma = t'/t$
R4: $\gamma = t'c/t(c-v)$
$\to t'/t = t'c/t(c-v) \to c/(c-v) = 1 \to v = 0$

V3)

R2: $\gamma = t/t'$
R4: $\gamma = t'c/t(c-v)$
$\to t/t' = t'c/t(c-v) \to (t/t')^2 = c/(c-v)$
$\to \gamma^2 = c/(c-v) \to c^2/(c^2-v^2) = c/(c-v)$
$\to c/(c+v) = 1 \to v = 0$

Alla dessa beräkningar av värdet för Lorentzfaktor visar att vi kommer antingen till matematisk nonsens eller att $v = 0$.

Härifrån drar vi slutsatsen att härledning av Lorentztransformationer är felaktig (is not self-consistent).

SR (LT, LF, TD, LK) = NONSENS

Min patentansökan: 1ANM

1) 1ANM, Beskrivning
Apparat för mätning av den absoluta hastigheten i rymden – 1ANM (One Arm, No Mirrors)

Bakgrund

[0001]
Historiska fakta:
- James Clark Maxwell publicerar 1864 *Dynamical Theory of the Electromagnetic Field*. Härleder att ljuset är en elektromagnetisk våg. Ljuset bör fortplanta sig i ett medium på liknande sätt som ljudvågor behöver luft, vattenvågor behöver vatten. Detta medium kallade man för eter, ljusbärande eter.
- Michelson-Morley experimentet från 1887. Experimentet hade som syfte att bekräfta eterns existens, Jordens hastighet i rymden.
- Hendrik Lorentz formulerar 1904 Lorentztransformationerna. Detta som en följd av att Michelson-Morley experimentet kunde inte påvisa eterns existens.
- Albert Einstein publicerar 1905 den speciella relativitetsteori.

SR (LT, LF, TD, LK) = NONSENS

[0002]
Uppfinnaren utgår från det faktum att Michelson-Morley experimentet och den använda apparaten, Michelson interferometer, var inte lämpade för detta. Uppfinnaren har gjort egna beräkningar som visar att oavsett Jordens hastighet i rymden, oavsett apparatens orientering var skillnaden mellan dessa delexperiment i storleksordning av 30 nanometer! Detta var inom felmarginalen och därför fick Michelson-Morley experimentet så kallat "noll" resultat, eller "negativt" resultat.

[0003]
Uppfinnaren anser att det negativa resultatet har orsakats av apparatens konstruktion: två armar på ca 10 meter var, som monterades rätvinkligt gentemot varandra; tre speglar, en av de halvtransparent. Ljusstrålen reflekterades i dessa speglar eller passerade dessa speglar.

[0004]
Uppfinnaren anser att den matematiska och fysikaliska analysen av ljusstrålarnas färdväg var otillräcklig och faktisk felaktig!

[0005]
Därför är apparaten (1ANM) enkel och detta gör att det inte finns några tveksamheter hur ljuset förflyttar sig inne i apparaten (1ANM). Även den matematiska och fysikaliska analysen av ljusstrålens färdväg blir enkel, liksom beräkningen och mätningen av den

absoluta hastigheten i rymden blir enklare och tydligare!

Beskrivning

[0006]
Apparaten (1ANM) bygger på principen att ljusets hastighet och riktning är oberoende av källans och observatörens rörelser.

[0007]
Figurförteckning
Fig. 1 – apparaten (1ANM), bestående av en arm (A), en laser (L), en skärm (S)
Fig. 2 – ett snitt genom apparaten (1ANM); skärmen (S) markeras med ett koordinat system (x-axel, y-axel); linjen som förbinder lasern (L) med skärmens (S) mittpunkt representerar den tredje axeln (z-axel) i en tredimensionell koordinatsystem.
Fig. 3 – två enklare avbildningar av apparaten (1ANM) som kommer att användas i de olika mätningar/beräkningar: en avbildning med prickad linje och en avbildning med full linje. På höger sida av bilden finns avbildad vektor v för den absoluta hastigheten.
Fig. 4 – visar två möjliga riktningar för den absoluta hastigheten v

Fig. 5 – sammanställning av mätresultaten av åtta olika mätningar/beräkningar
Fig. 6 – visar hur man avgör riktningen för den absoluta hastighetens vektor

[0008]
Fig. M1 – mätning/beräkning 1
Fig. M2 – mätning/beräkning 2
Fig. M3 – mätning/beräkning 3
Fig. M4 – mätning/beräkning 4
Fig. M5 – mätning/beräkning 5
Fig. M6 – mätning/beräkning 6
Fig. M7 – mätning/beräkning 7
Fig. M8 – mätning/beräkning 8

[0009]
Apparaten (1ANM) består av följande delar, se Fig. 1 och 2:
- en arm (A) på vilken övriga delar monteras
- en laser (L) som skapar en ljusprick (P) (med ca. 1 millimeter i diameter)
- en skärm (S) på vilken ljuspricken (P) hamnar och där ljusprickens (P) position gentemot skärmens (S) mitt kan avläsas

[0010]
Armen (A) ska fästas på en anordning (liknande ett gyroskop eller en robotarm) som gör att apparatens

(1ANM) arm (A) kan riktas, vridas, roteras, i alla möjliga riktningar i rymden.
Denna del ingår inte i vår uppfinning. Det finns olika tekniska möjligheter att lösa detta.

[0011]
Avstånd mellan laserhuvuden (L) och skärmen (S) ska vara minst 10 meter.

[0012]
Detaljerad beskrivning av apparatens (1ANM) komponenter.

[0013]
Arm (A):
I ena änden av armen (A) monteras en laser (L). I den andra änden av armen (A) monteras en skärm (S). Armens (A) längd ska vara så att efter monteringen av lasern (L) och skärmen (S), avståndet mellan laserns (L) huvud och skärmen (S) ska vara minst 10 meter. Armen (A) ska vara av kvadratisk snitt, och ska vara konstruerad så pass fast och stabilt att ingen böjning av armen förekommer. Det är inte väsentligt i sammanhanget av vilken material armen (A) tillverkas.

[0014]
Laser (L):

SR (LT, LF, TD, LK) = NONSENS

Laser (L) ska kunna sända en ljusstråle, laserstråle, som avbildas på skärmen (S) som en prick (P) av ca 1 millimeter i diameter. Det är inte väsentligt i sammanhanget vilken typ av laser man använder.

[0015]
Skärm (S):
Skärmen (S) ska ge möjlighet att avläsa prickens (P) position. Skärmen (S) ska vara av kvadratisk form, helst ge möjlighet att digitalt avläsa prickens (P) position i koordinatsystemet (x, y) och sända denna position till en dator för vidare bearbetning. Det är inte väsentligt på vilket sätt skärmen (S) tillverkas.
Skärmens (S) storlek (läsbara delen) ska var minst 6x6 centimeter. Detta garanterar att ljusprickens (P) rörelse på skärmen (S) inte hamnar utanför. Den maximala beräknade hastigheten är ca. 850 km/s. Detta motsvarar prickens (P) maximala avstånd till skärmens (S) mitt till ca 3 centimeter.

[0016]
Mätningar/beräkningar:

[0017]
Vi kommer att använda följande beteckningar:
- D = längden mellan lasern (L) och skärmen (S) (10 meter)

- c = ljuset hastighet (300 000 km/s = 300 000 000 meter/sekund)
- v = hastigheten med vilken Jorden rör sig i rymden och med den även apparaten (1ANM) (t ex 30 km/s = 30 000 meter/sekund); det är hastigheten med vilken punkten på Jordens yta rör sig, punkten där apparaten (1ANM) befinner sig; *det är denna hastighet som kommer att avläsas/beräknas med hjälp av apparaten (1ANM)*
- t = tiden laserstrålen behöver för att nå skärmen (S)
- d = avstånd mellan ljuspricken (P) och skärmens (S) mittpunkt
- x = i Fig. M1-M8 är x en variabel som används i beräkningen (ska inte förväxlas med x-koordinat)

[0018]
Vi presenterar åtta delexperiment/mätningar/beräkningar för att visa hur apparaten (1ANM) rör sig i rymden, hur laserstrålen rör sig. Vi gör beräkningar för att visa var någonstans på skärmen (S) ljuspricken (P) hamnar beroende på apparatens (1ANM) orientering i rymden och av dess hastighet v.

[0019]
Dessa 8 delexperiment visas i Fig. M1-M8.
I övre delen visar vi ursprungsläget, avbildad med prickad linje. Nedanför det visas två överlappande (delvis överlappande) bilder på apparaten (1ANM), en med prickade linjer för ursprungsläget och en med full linje för slutläge, då när laserstrålen når skärmen (S).

[0020]
Höger om apparaten (1ANM) visas vektor för hastigheten v (vilken riktning v har och vilken orientering apparaten (1ANM) har gentemot denna vektor).

[0021]
En punkt på Jordens yta utgör följande rörelser:
1) Rörelse runt Jordens axel; vid ekvator är hastigheten ca. 0,5 km/s
2) Jordens rörelse runt Solen; hastigheten är ca. 29,8 km/s
3) Solsystemets rörelse runt galaxens centrum; hastigheten är ca. 220 km/s
4) Galaxen rör sig mot den Stora Attraktorn; hastigheten är ca. 600 km/s
5) Stora attraktorn rör sig i sin tur i riktning mot Shapleysuperhopen, som är en samling av över 8 000 galaxer (ingår inte i mina beräkningar).

[0022]
Detta innebär att den absoluta hastigheten kan vara minst ca. 350 km/s (600-220-30).
Med denna hastighet blir *max(d)* = *11 millimeter*.

[0023]
Ett exempel på mätning/beräkning:
Vi mäter det maximala avståndet mellan ljusprickens (P) position och skärmens (S) mitt till *d*
d = 7 millimeter = 0,007 meter
v = cd/L = 300 000 000 m/s * 0,007 m / 10 m
v = 210 000 m/s = 210 km/s

[0024]
Vi presenterar nu åtta mätningar/beräkningar som motsvarar åtta olika relativa positioner av apparatens (1ANM) arm (A) gentemot hastighetens vektor *v*. Dessa delexperiment/mätningar/beräkningar förutsäger att apparaten (1ANM) är positionerat på så sätt att y-axel, z-axel och vektor *v* ligger i samma plan och att då apparaten (1ANM) roterar 360° i denna plan, runt x-axeln.

[0025]
Mätning/beräkning 1, Fig. M1:

SR (LT, LF, TD, LK) = NONSENS

Apparaten (1ANM) rör sig parallell med vektor **v**, åt höger.
Under tiden laserstrålen når skärmen (S), rör sig hela apparaten (1ANM) med avstånd **x** åt höger.
I detta fall behöver laserstrålen avverka avståndet **D-x**.

Ljuspricken (P) hamnar exakt i skärmens (S) mittpunkt.

$t = x/v = (D-x)/c$
$x = Dv/(c+v)$
$d = 0$

[0026]
Mätning/beräkning 2, Fig. M2:

Apparaten (1ANM) rör sig åt höger och uppåt och utgör en vinkel på 45° med vektor **v**.
Hastigheten är $v_1 = v/2^{1/2}$ (roten av 2).

Under tiden laserstrålen når skärmen (S), rör sig hela apparaten (1ANM) med avstånd **x** åt höger och med samma avstånd **x** uppåt.
I detta fall behöver laserstrålen avverka avståndet **D-x**.

Ljuspricken (P) hamnar ner om skärmens (S) mittpunkt.

$t = x/v_1 = (D-x)/c$

$x = Dv_1/(c+v_1)$

$d = x$

[0027]
Mätning/beräkning 3, Fig. M3:

Apparaten (1ANM) rör sig uppåt och utgör en vinkel på 90° med vektor **v**.
Under tiden laserstrålen når skärmen (S), rör sig hela apparaten (1ANM) med avstånd **x** uppåt.
I detta fall behöver laserstrålen avverka avståndet **D**.

Ljuspricken (P) hamnar ner om skärmens (S) mittpunkt.

$t = x/v = D/c$

$x = Dv/c$

$d = x$

[0028]
Mätning/beräkning 4, Fig. M4:

Apparaten (1ANM) rör sig uppåt och och åt vänster och utgör en vinkel på 45° med vektor **v**.

SR (LT, LF, TD, LK) = NONSENS

Hastigheten är $v_1 = v/2^{1/2}$ (roten av 2).

Under tiden laserstrålen når skärmen (S), rör sig hela apparaten (1ANM) med avstånd x uppåt och med samma avstånd x åt vänster.
I detta fall behöver laserstrålen avverka avståndet **D+x**.

Ljuspricken (P) hamnar ner om skärmens (S) mittpunkt.

$t = x/v_1 = (D+x)/c$

$x = Dv_1(c-v_1)$

$d = x$

[0029]
Mätning/beräkning 5, Fig. M5:

Apparaten (1ANM) rör sig åt vänster och parallell med vektor **v**.
Under tiden laserstrålen når skärmen (S), rör sig hela apparaten (1ANM) med
avstånd x åt vänster.
I detta fall behöver laserstrålen avverka avståndet **D+x**.

Ljuspricken (P) hamnar exakt i skärmens (S)

mittpunkt.
$t = x/v = (D+x)/c$
$x = Dv(c-v)$
$d = 0$

[0030]
Mätning / beräkning 6, Fig. M6:

Apparaten (1ANM) rör sig åt vänster och nedåt och utgör en vinkel på 45° med vektor **v**.
Hastighet är $v_1 = v/2^{1/2}$ (roten av 2).

Under tiden laserstrålen når skärmen (S), rör sig hela apparaten (1ANM) med avstånd **x** åt vänster och med samma avstånd **x** nedåt.
I detta fall behöver laserstrålen avverka avståndet **D+x**.

Ljuspricken (P) hamnar upp om skärmens (S) mittpunkt.

$t = x/v_1 = (D+x)/c$
$x = Dv_1(c-v_1)$
$d = x$

[0031]
Mätning / beräkning 7, Fig. M7:

SR (LT, LF, TD, LK) = NONSENS

Apparaten (1ANM) rör sig nedåt och utgör en vinkel på 90° med vektor **v**.
Under tiden laserstrålen når skärmen (S), rör sig hela apparaten (1ANM) med avstånd **x** nedåt.
I detta fall behöver laserstrålen avverka avståndet **D**.

Ljuspricken (P) hamnar upp om skärmens (S) mittpunkt.

$t = x/v = D/c$
$x = Dv/c$
$d = x$

[0032]
Mätning / beräkning 8, Fig. M8:

Apparaten (1ANM) rör sig åt höger och nedåt och utgör en vinkel på 45° med vektor **v**.
Hastigheten är $v_1 = v/2^{1/2}$ (roten av 2).

Under tiden laserstrålen når skärmen (S), rör sig hela apparaten (1ANM) med avstånd **x** åt höger och med samma avstånd **x** nedåt.
I detta fall behöver laserstrålen avverka avståndet **D-x**.

Ljuspricken (P) hamnar upp om skärmens (S) mittpunkt.

$t = x/v_1 = (D-x)/c$

$x = Dv_1(c+v_1)$

$d = x$

[0033]
I Fig. 5 visar vi en sammanställning över ovan åtta delexperiment/mätningar/beräkningar och över ljusprickens (P) position på skärmen (S) under en komplett rotation av apparaten (1ANM) med *360°*. Beräkningarna visar att ljusprickens (P) avstånd till skärmens (S) mittpunkt, *d*, skulle varierar mellan 0 millimeter och 1 millimeter (om *v = 30 km/s*).

[0034]
I Fig. 6 visar man hur riktningen för **den absoluta hastigheten** avgörs.
Efter att man hittat det maximala avståndet *d* som pricken (P) har gentemot skärmens (S) mitt så avgör vektorn, som skapas mellan prickens (P) position och skärmens (S) mitt, riktningen för **den absoluta hastigheten** i rymden.

[0035]
På detta sätt kan man bestämma både **det skalära**

SR (LT, LF, TD, LK) = NONSENS

värde v för den absoluta hastigheten i rymden och dess **riktning**.

2) 1ANM, Patentkrav

PATENTKRAV

Apparat för mätning av den absoluta
hastigheten i rymden –
1ANM (One Arm, No Mirrors)

Vad jag hävdar som min uppfinning är:

Krav 1.
En apparat för mätning av den absoluta
hastigheten i rymden. Apparaten består av en
arm (A), en laser (L) och en skärm (S) anordnad
så att laser (L) monteras i ena änden av armen
(A) och skärmen (S) monteras i den andra änden
av armen (A). Laser (L) sänder en laserstråle mot
skärmen (S) där den projiceras som en prick (P).
Prickens (P) position avläses gentemot skärmens
(S) mittpunkt.

*Apparaten (1ANM) monteras på en anordning som gör
möjligt att armen (A) kan roteras i alla möjliga
riktningar i rymden. Denna anordning ingår inte i
patentkravet på grund av att det kan finnas flera
tekniska lösningar att uppnå detta (robotarm;*

gyroskop).
Apparaten *(1ANM)* roteras och vrids tills y-axel och z-axel hamnar i samma plan som vektor för hastigheten *v (Jordens hastighet i rymden).* Förfarandet hur detta uppnås ingår inte i patentkravet på grund av att det är beroende av anordningen på vilken armen (A) är monterad.

Krav 2.
Detta krav består av beskrivningen av ljusets exakta färdväg genom apparaten, beräkningarna av den absoluta hastighetens skalära värde, metoden hur man bestämmer den absoluta hastighetens riktning i rymden. Apparaten *(1ANM)* tillsammans med beskrivningen, beräkningarna och mätmetoden representerar den enklaste apparaten för mätning av den den absoluta hastigheten i rymden och dess riktning.

När apparatens y-axel, z-axel och hastighetens vektor *v* befinner sig i samma plan tillämpar man mätmetoden som är **kännetecknad av** att armen (A) roteras 360° i samma plan och att man avläser största avstånd *d* mellan laserstålens prick (P) och skärmens (S) mitt. Största avstånd får man när armen (A), z-axel, utgör en vinkel på 90° gentemot hastighetens vektor v. Då är beräkningen **kännetecknad av** följande formeln

$$v = dc/D$$

där
- v är den absoluta hastigheten med vilken Jorden rör sig i rymden (punkten på Jorden där apparaten befinner sig)
- d är det största avståndet mellan prickens (P) position och skärmens (S) mitt
- c är ljusets hastighet (i detta fall i luft)
- D är avstånd mellan laserhuvud (L) och skärm (S)

SR (LT, LF, TD, LK) = NONSENS

3) 1ANM, Samandrag

SAMMANDRAG

**Apparat för mätning av den absoluta hastigheten i rymden –
1ANM (One Arm, No Mirrors)**

Tillämpningsområde: fysik.

Apparaten(1ANM) bygger på principen att ljusets hastighet och riktning är oberoende av källans och observatörens rörelser.

Apparaten(1ANM) består av en arm(A), en laser(L) och en skärm(S). Apparaten(1ANM) monteras på en anordning som gör möjligt att armen(A) kan roteras i alla möjliga riktningar i rymden. Laser(L) sänder en laserstråle mot skärmen(S) där den projiceras som en prick.

Värdet på den absoluta hastigheten v beräknas med hjälp av det maximala avståndet d mellan prickens(P) position och skärmens(S) mittpunkt som avläses vid en full rotation av apparaten(1ANM) med 360°.
Detta värdet beräknas med formeln $\boldsymbol{v = dc/D}$.

SR (LT, LF, TD, LK) = NONSENS

Riktningen för den absoluta hastigheten v i rymden avgörs av vektorn som skapas mellan ljuspricken(P) och skärmens(S) mittpunkt och avläses på y-axeln på vilken avläsningen av ljusprickens(P) maximala avstånd till skärmens(S) mittpunkt gjordes.

4) 1ANM, Ritningar

Presenteras på följnade 6 sidor.

SR (LT, LF, TD, LK) = NONSENS

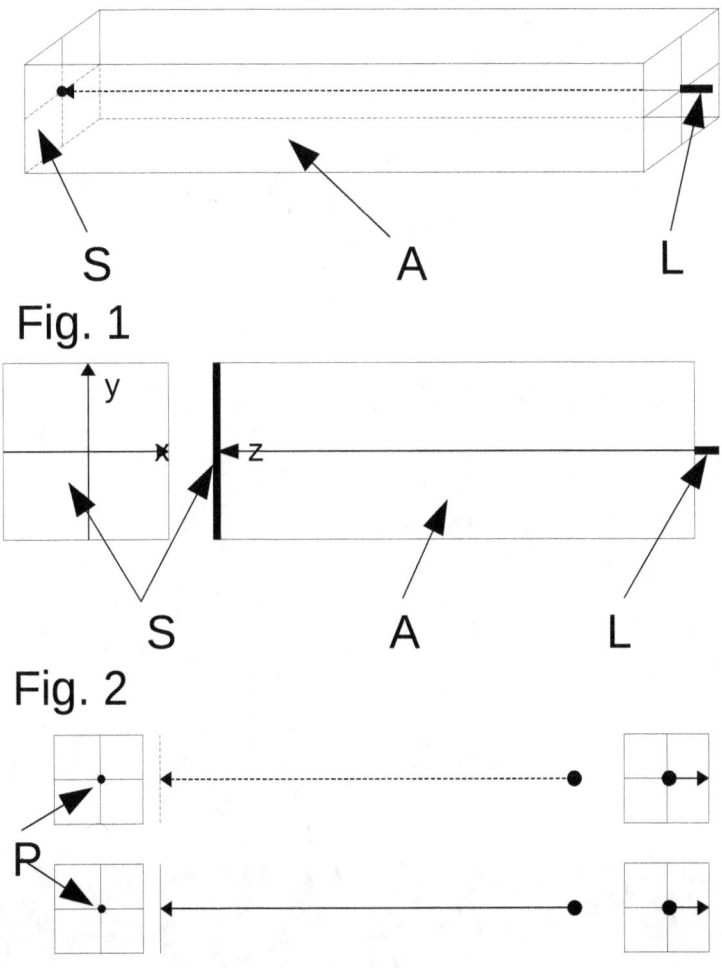

Fig. 1

Fig. 2

Fig. 3

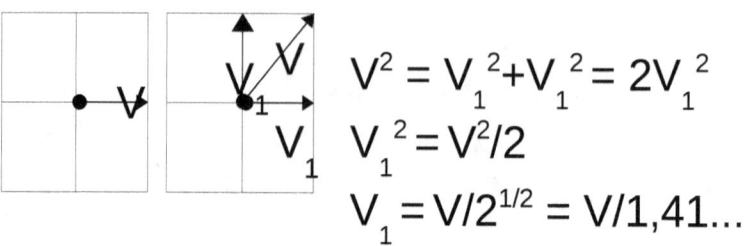

$V^2 = V_1^2 + V_1^2 = 2V_1^2$
$V_1^2 = V^2/2$
$V_1 = V/2^{1/2} = V/1,41...$

Fig. 4

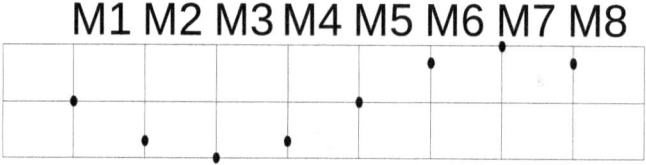

Fig. 5

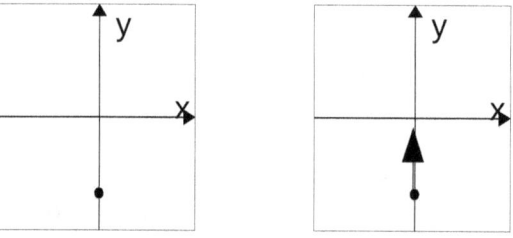

Fig. 6

SR (LT, LF, TD, LK) = NONSENS

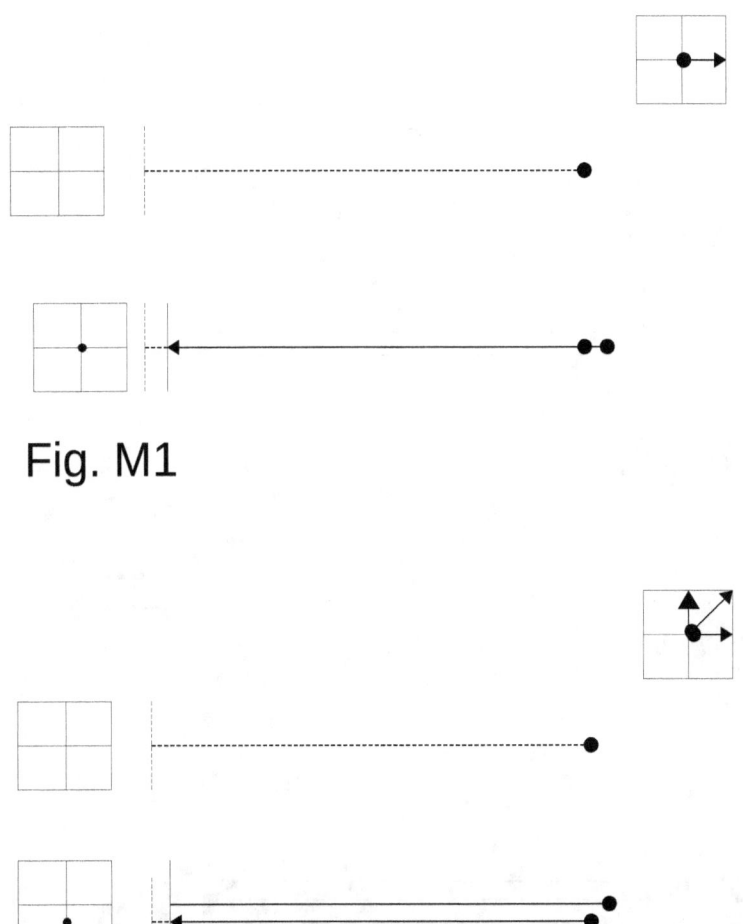

Fig. M1

Fig. M2

SR (LT, LF, TD, LK) = NONSENS

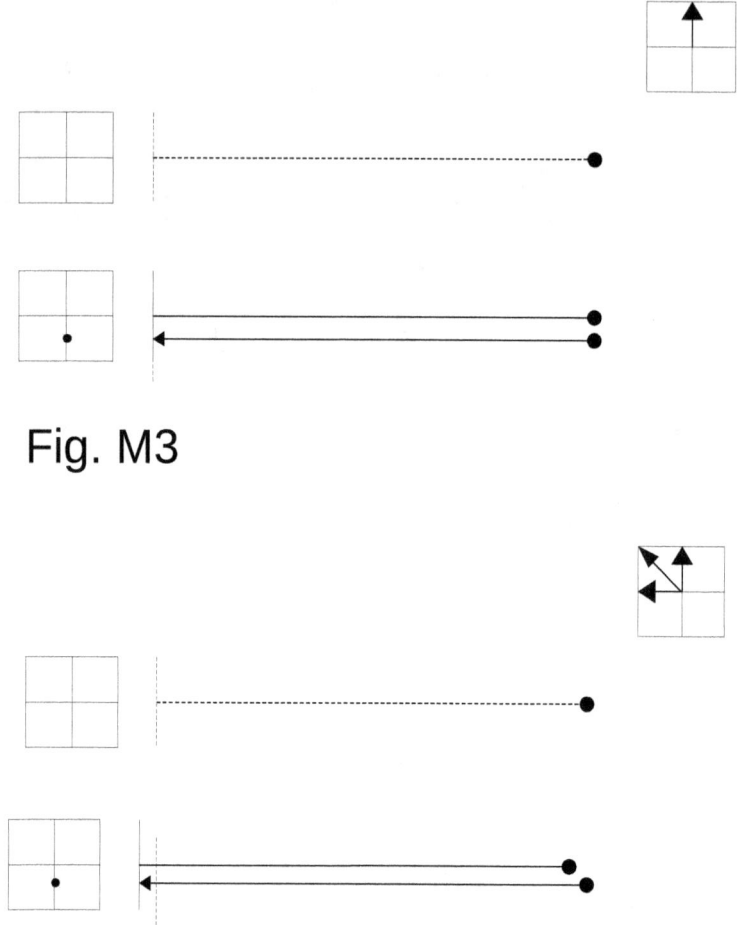

Fig. M3

Fig. M4

SR (LT, LF, TD, LK) = NONSENS

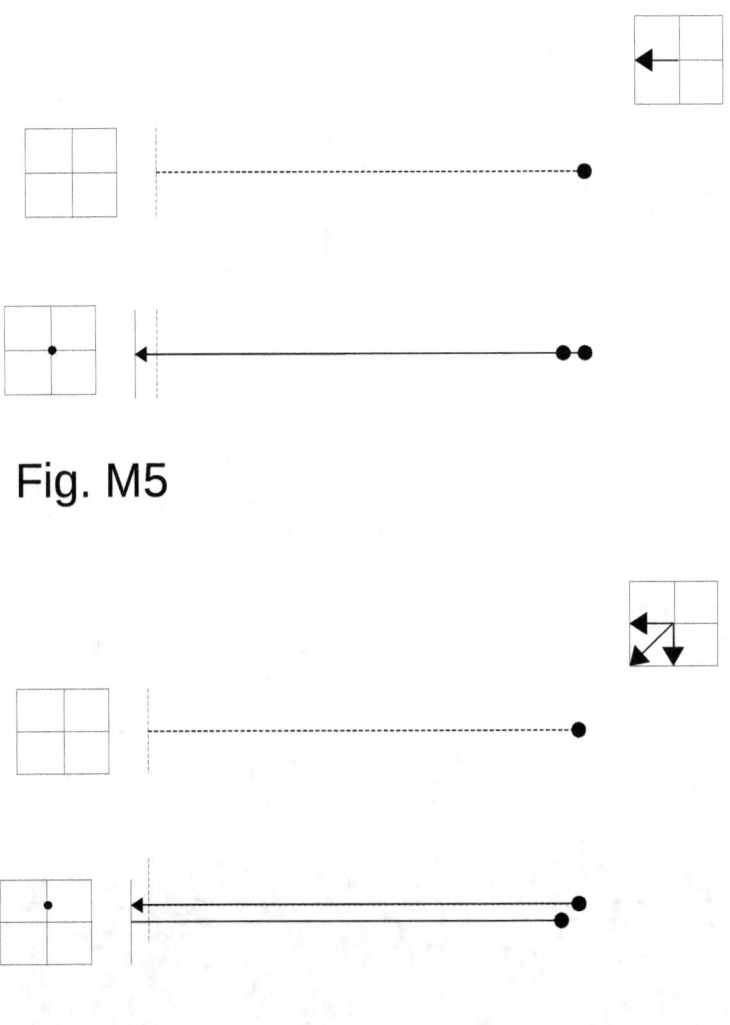

Fig. M5

Fig. M6

SR (LT, LF, TD, LK) = NONSENS

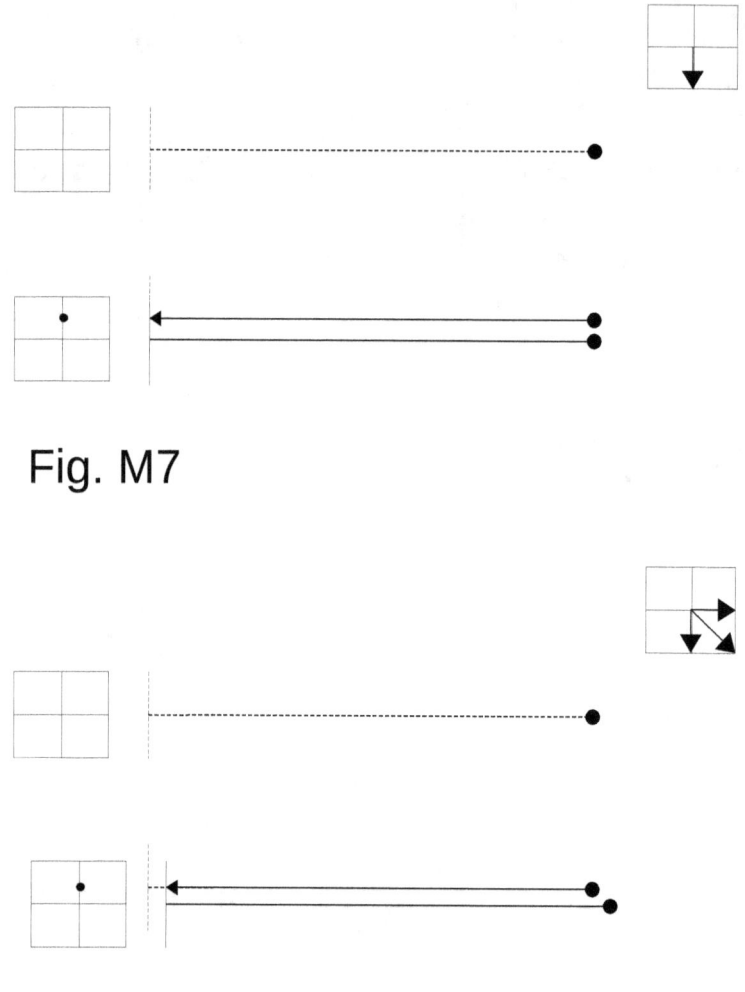

Fig. M7

Fig. M8

SR (LT, LF, TD, LK) = NONSENS

Avslut

I denna skrivelse har vi analyserat följande:

A1) Experiment med två referenssystem, S och S', stillastående gentemot varandra, och ett objekt i S i vilket uppstår händelser.

A2) Experiment med två referenssystem, S och S', som rör sig med konstant hastighet $v > 0$ gentemot varandra, och ett objekt i S' i vilket uppstår händelser.

Vi visar att det råder samma koordinattransformation antingen de två referenssystem, S och S', är stillastående gentemot varandra eller om de rör sig med konstant hastighet $v > 0$ gentemot varandra.

A3) Tidsdilatation i *[1], [6] och [8]*.

Vi visar hur fullständigt felaktigt man resonerar om ljusets fortplantning. Vi visar att 'tidsklockan' funkar på samma sätt i två referenssystem, S och S', som rör sig med konstant hastighet $v > 0$ gentemot varandra. Därmed visar vi att det uppstår ingen tidsdilatation i någon av de två referenssystem!

SR (LT, LF, TD, LK) = NONSENS

A4) Härledning av Lorentztransformationer i *[7]*.

Vi visar här att beräkningarna är ofullständiga och att man kommer till motsägelse med ursprungsvillkor som gör att denna härledning är felaktig!

A5) Härledning av Lorentztransformationer i *[3]*.

Vi visar hur denna härledning baseras på felaktiga matematiska antaganden och att man kommer till motsägelse med ursprungsvillkor som gör att även denna härledning är felaktig!

A6) Michelson-Morley experimentet, 1887

Den teoretiska förberedelsen av detta experiment var otillräcklig! Man har inte gjort en fullständig analys av ljusstrålarnas färdväg genom interferometern och därför felaktigt bedömt storleken på interferensmönstrets förändringar.

Vi visar med hjälp av en teoretisk analys och beräkningar att interferensmönstrets förändringar som uppkom genom att vrida interferometern med 90° var oerhört små som troligen var omöjligt att mätta på den tiden.

A6) Övriga kapitel som följer efter Michelson-Morley experimentet, sida 69 - 114

Dessa visar hur jag uppfattar den speciella relativitetsteorin. Här kommer jag med nya argumet som alla leder till motsägelser, nonsens.

Denna analys av den speciella relativitetsteorin påvisar för många felaktigheter, för många feltolkningar!

Utifrån detta bör man dra slutsatsen att den speciella relativitetsteorin är felaktig från grunden, i sin helhet!

Den speciella relativitetsteorin
är ett stort nonsens!

Läsaren kan komma med synpunkter på min e-postadress: jan.slowak@gmail.com
Ange ämnet: SR

Svar från tidskrifter

Nedan bifogar jag min artikel som jag skickade till flertal tidskrifter för publicering men fick negativt svar. Först deras kommentarer:

1)
Tyvärr är nog inte Fysikersamfundet rätt instans för det som du är ute efter. Det låter mera som om du skulle vilja ha en refereegranskning, och då är det till en tidskrift som du ska skicka manuskriptet.

2)

We appreciate receiving the article proposal that you sent to *Physics Today*, regarding "Einstein's Theory of Special Relativity." A committee of our editors recently met to discuss several article proposals that we had received, including yours. The committee determined that it does not meet our editorial needs at this time.

As a magazine that serves the scientific community, we strive to publish as many responsible voices as we can. Due to the volume of submissions we receive, however, we must decline a large number of submissions.

Thank you for your understanding and for your interest in *Physics Today*

3) 2016-11-04
Thank you for your submission to *New Journal of Physics*. We have assessed your manuscript and have considered its suitability for the journal very carefully. We regret to inform you that your article will not be considered for review as it does not meet our strict publication criteria.

The quality and presentation of any research published in *New Journal of Physics* must be of the highest standard. Submissions should clearly demonstrate scientific rigour, extensive literature research and a careful assessment of the validity of any conclusions presented in the manuscript. Your manuscript does not meet these key publication criteria and we are unable to consider it further.

We are grateful for your interest in *New Journal of Physics*.

4) 2017-04-25
Thank you for your submission to *Physica Scripta*.

To be publishable in this journal, articles must be of high quality and of general scientific interest, and be recognised as an important contribution to the broad literature.

Your Paper has been assessed and has been found not to meet these criteria, and is therefore not within the scope of the journal. It therefore does not warrant publication in *Physica Scripta* and has been withdrawn from consideration.

...

Please note that only very significant specialised results are considered for publication in *Physica Scripta*, under the assumption that such results could have implications beyond their specialised field, and would be of interest to the readership of a broad scope journal. Therefore, specialised work with results only of interest to those working in a specific field, should be submitted to a topical journal.

...

We are sorry that we cannot respond more positively and wish you luck in publishing your article elsewhere.

5) 2017-05-11
Thank you for your submission to *European Journal of Physics*. Unfortunately the content of your Paper is not within the scope of the journal.

Please note that *European Journal of Physics* is a

pedagogical journal and not a traditional research journal; it is dedicated to maintaining and improving the standard of taught physics in universities and other higher education institutes. All articles must therefore contain content that is applicable to the teaching of physics at university level.

Your manuscript has therefore been withdrawn from consideration.
...
We would like to thank you for your interest in *European Journal of Physics*.

6) 2017-06-16
Thanks for your interest in *Discover*. I've attached a copy of our pitch guidelines, which outline the process for proposing an article to *Discover*'s editors. Please take a look and feel free to pitch following those guidelines if you feel your story ideas fit our areas of interest.

7) 2017-07-16
Thank you for submitting your manuscript to *Results in Physics*. I regret to inform you that reviewers have advised against publishing your manuscript, and we must therefore reject it.
Please refer to the comments listed at the end of this letter for details of why I reached this decision.

We appreciate your submitting your manuscript to this journal and for giving us the opportunity to consider your work.

Comments from the editors and reviewers:

This work finds the special relativity is not self-consistent. If it is true, it would be one of the most important discoveries in physics in past one hundred years. In this sense, it is not suitable to consider to publish this work in RINP. The author may try Science or PRL for publication.

8)

Min e-post till *Results in Physics*:

Thanks for your answer.

I have a little point of view on it.

Quoting:

"Comments from the editors and reviewers:

This work finds the special relativity is not self-consistent. If it is true, it would be one of the most important discoveries in physics in past one hundred years. In this sense, it is not suitable to consider to publish this work in RINP. The author may try Science or PRL for publication."

If it is true ...

So they do not know if it's true. But on your website it says:

"All submitted manuscripts are fully peer-reviewed..."
My question is: Have you reviewed my article?

Svar från *Results in Physics*:
I understand your feeling, but sorry I can not do more on your case.

9) 2017-07-19
Thank you for submitting your manuscript "Einstein's Theory of Special Relativity: A Mathematical Impossibility!" to *Science*. Unfortunately, this is not the sort of work that we publish and we are thus not considering it for publication. We appreciate your interest in *Science*.

10) 2017-11-03
Our decision on your article: JPCO-100356
Dear Dr Slowak,

Re: "Einstein's Theory of Special Relativity - A Mathematical Impossibility!" by Slowak, Jan

Thank you for your submission to Journal of Physics Communications.

To be publishable in this journal, articles must be of high scientific quality and be recognised as making a positive contribution to the literature.

Your Letter has been assessed and has been found not to meet these criteria. It therefore does not warrant publication in Journal of Physics Communications and has been withdrawn from consideration.

We are sorry that we cannot respond more positively and wish you luck in publishing your article elsewhere.

Yours sincerely

David Murray

On behalf of the IOP peer-review team:
Publisher - Ben Sheard
Editor - Jessica Thorn
Associate Editor - David Murray
Editorial Assistant - Lucy Joy
jpco@iop.org

11) 2018-03-06

Re: "Verification of Lorentz transformations leads to mathematical nonsense" by Slowak, Jan
Article reference: EJP-103543

Thank you for your submission to European Journal of Physics. We have assessed your manuscript and have considered its suitability for the journal very carefully. We regret to inform you that your article will not be considered for review as it does not meet our strict publication criteria.

The quality and presentation of any research published in European Journal of Physics must be of the highest standard. Submissions should clearly demonstrate scientific rigour, extensive literature research and a careful assessment of the validity of any conclusions presented in the manuscript. Your manuscript does not meet these key publication criteria and we are unable to consider it further.

We are grateful for your interest in European Journal of Physics.

Yours sincerely

Stephanie White

On behalf of the IOP peer-review team:
Jessica Thorn - Editor
Dr Stephanie White – Associate Editor
Lucy Joy – Editorial Assistant
ejp@iop.org

and Iain Trotter – Associate Publisher

13) 2018-04-10

Re: "Lorentz factor and its value in different points of spacetime" by Slowak, Jan
Article reference: EJP-103616

Thank you for your submission to European Journal of Physics. We have assessed your manuscript and have considered its suitability for the journal very carefully. We regret to inform you that your article will not be considered for review as it does not meet our strict publication criteria.

The quality and presentation of any research published in European Journal of Physics must be of the highest standard. Submissions should clearly demonstrate scientific rigour, extensive literature research and a careful assessment of the validity of any conclusions presented in the manuscript. Your manuscript does not meet these key publication criteria and we are unable to consider it further.

We are grateful for your interest in European Journal of Physics.

Yours sincerely

Stephanie White

On behalf of the IOP peer-review team:
Jessica Thorn - Editor
Dr Stephanie White – Associate Editor
Lucy Joy – Editorial Assistant
ejp@iop.org

and Iain Trotter – Associate Publisher

14) 2018-04-15

Re: "Mathematics and Lorentz transformations" by Slowak, Jan
Article reference: PHYSSCR-106855

Thank you for submitting your Paper, which will be considered for publication in Physica Scripta. The reference number for your article is PHYSSCR-106855. Please quote this number in all future correspondence regarding this manuscript.

As the submitting author, you can follow the progress of your article by checking your Author Centre after logging in to https://mc04. Once you are signed in you will be able to track the progress of your article, read the referee reports and send us your electronic files.

This journal makes manuscripts available to readers on the journal website within 24 hours of acceptance. Please be aware that if you did not tick the relevant opt-out box on the submission form, the accepted version of your manuscript will be visible on the journal's website before it is proof-read and formatted to our house style.

If you are planning any press activity for your article, or are currently engaging in an IP or patent application, you may wish to opt-out of making your accepted manuscript immediately available online. If you do not wish to make the accepted version of your manuscript immediately visible to readers, and have not ticked the opt-out box during submission, please let us know as soon as possible.

Please do not hesitate to contact us if we can be of

assistance to you.

Yours sincerely

Rob Freeman

On behalf of the IOP peer-review team:
Emma Chorlton - Editor
Stephanie White & Kerenza Kerslake - Associate Editors
Rob Freeman - Editorial Assistant
physscr@iop.org

Iain Trotter - Publisher

15) 2018-04-15

Re: "Mathematics and Lorentz transformations" by Slowak, Jan
Article reference: NJP-108603

Thank you for submitting your Paper, which will be considered for publication in New Journal of Physics. The reference number for your article is NJP-108603. Please quote this number in all future correspondence regarding this manuscript.

As the submitting author, you can follow the progress of your article by checking your Author Centre after logging in to https://mc04. Once you are signed in you will be able to track the progress of your article, read the referee reports and send us your electronic files.

This journal makes manuscripts available to readers on the journal website within 24 hours of acceptance. Please be aware that if you did not tick the relevant opt-out box on the submission form, the accepted version of your manuscript will be visible on the journal's website before it is proof-read and formatted to our house style.

If you are planning any press activity for your article, or are currently engaging in an IP or patent application, you may wish to opt-out of making your accepted manuscript immediately available online. If you do not wish to make the accepted version of your manuscript immediately visible to readers, and have not ticked the opt-out box during submission, please let us know as soon as possible.

Please do not hesitate to contact us if we can be of assistance to you.

Yours sincerely

On behalf of the IOP peer-review team:
Jessica Thorn - Editor
David Murray and Lizzie Adsett - Associate Editors
Max Paulus and Abbie Tozer - Editorial Assistants
njp@iop.org

Professor Barry Sanders - Editor-in-Chief
Dr Ben Sheard - Publisher

16) 2018-04-16

Re: "Mathematics and Lorentz transformations" by Slowak, Jan
Article reference: PHYSSCR-106855

Thank you for your submission to Physica Scripta. We have put your Paper on hold because we've noticed that you have not included your name on the manuscript PDF. Please can you resubmit to this submission number ensuring that you do include your name on your paper.

We encourage you to respond to our query as soon as possible, as we will not be sending your manuscript to the referees until we have heard from you.

Yours sincerely

Rob Freeman

On behalf of the IOP peer-review team:
Emma Chorlton - Editor
Stephanie White & Kerenza Kerslake - Associate Editors
Rob Freeman - Editorial Assistant
physscr@iop.org

Iain Trotter - Publisher

17) 2018-04-16

Re: "Mathematics and Lorentz transformations" by Slowak, Jan
Article reference: NJP-108603

Thank you for your submission to New Journal of Physics. We have assessed your manuscript and have considered its suitability for the journal very carefully. We regret to inform you that your article will not be considered for review as it does not meet our strict publication criteria.

The quality and presentation of any research published in New Journal of Physics must be of the highest standard. Submissions should clearly demonstrate scientific rigour, extensive literature research and a careful assessment of the validity of any conclusions presented in the manuscript. Your manuscript does not meet these key publication criteria and we are unable to consider it further.

We are grateful for your interest in New Journal of Physics.

Yours sincerely

David Murray

On behalf of the IOP peer-review team:
Jessica Thorn - Editor
David Murray and Lizzie Adsett - Associate Editors
Max Paulus and Abbie Tozer - Editorial Assistants
njp@iop.org

Professor Barry Sanders - Editor-in-Chief
Dr Ben Sheard - Publisher

18) 2018-04-17

Re: "Mathematics and Lorentz transformations" by Slowak, Jan

SR (LT, LF, TD, LK) = NONSENS

Article reference: PHYSSCR-106855

Thank you for your Paper which you submitted to Physica Scripta for consideration.

We will not normally reconsider an article for our primary research journals if it has already been rejected in the same or a substantially similar form, without the option to resubmit, by this or any other IOP Publishing journal. Therefore, we regret to inform you that your manuscript has been withdrawn from consideration.

We would like to thank you for your interest in Physica Scripta.

Yours sincerely

Kerenza Kerslake

On behalf of the IOP peer-review team:
Emma Chorlton - Editor
Stephanie White & Kerenza Kerslake - Associate Editors
Rob Freeman - Editorial Assistant
physscr@iop.org

Iain Trotter - Publisher

SR (LT, LF, TD, LK) = NONSENS

Citat från böcker jag läste
och mina kommentarer (ibland) med versaler

1)
Einstein, kaos och svarta hål; K. E. Cole;

p37:
"Ju enklare modellerna är desto längre från verkligheten ligger de. Ändå är de enklaste modellerna ofta de mest användbara.
Det är ett av skälen till att matematiken är ett så användbart verktyg i fysiken. Den är den yttersta abstraktionen ..."
"Bildspråket låter oss gå snabbare fram, men sanningen ligger i matematiken ..."
"Idag har matematiken i hög grad blivit vetenskapens språk."

p38:
"Och i fysiken har man gjort lika många upptäckter genom att titta på ekvationer som genom att titta i mikroskop och teleskop"
Feynman: "Det ligger nästan något mystiskt i att matematiskt tänkande tycks få saker och ting att gå ihop"

p48:

"I det långa loppet kommer det nästan säker att visa sig att Einstein hade fel. Åtminstone i samma mening som han själv visade att Newton hade fel."

p52:

James Jeans: " I verklig vetenskap kan en hypotes aldrig bevisas. Om den vederläggs av framtida observationer vet vi att den är fel, men om framtida observationer bekräftar den kan vi aldrig säga att den är rätt, eftersom den alltid är utlämnad på nåd och onåd åt nya observationer"

p155:

"Den allmänna relativitetsteorin uppstod när Einstein utvidgade tankarna i den speciella relativitetsteorin till att gälla all slags rörelse - särskilt föränderlig eller accelererande rörelse som hos föremål som faller under påverkan av tyngdkraften."

2)
Svarta hål; Bengt Gustafsson;

p81:
"Einstein var inte den förste att arbeta med teorin, och han lärde sig mycket genom att studera och delvis kopiera de andras insatser"

SR (LT, LF, TD, LK) = NONSENS

p101:
"Ett av de fundamentala problem som han inte hade löst var hur Lorentztransformationer, som varit så framgångsrika i den speciella teorin, kunde appliceras i gravitationsfält, om det alls var möjligt"

3)
ABC of Relativity; B. Russell; 1925;

p321:
Novikov; 1980; Självkonsistensprincipen;
"Enligt denna är sådana tidsresor som ger upphov till brott mot kausaliteten omöjliga ... en regel för allt teori bygge – teorier i fysiken får helt enkelt inte medge kausalitetsbrott"

4)
Vid skiljevägen; Ulf Sinnerstad;

p58:
"Samtidigt är det dessa världar vi har svårast att förstå, världar där åskådliga modeller sviker oss och vi tycker oss finna paradoxer. Men det finns bara en värld och den hyser inga paradoxer. Det är bra våra modeller som hyser paradoxer"

SR (LT, LF, TD, LK) = NONSENS

p196:
"Om vi mäter rumtidskoordinaterna – x, y, z – i längdmått måste också tidskoordinaten t anges i längdmått
$s^2 = c^2t^2 - (x^2 + y^2 + z^2)$ "

5)
Kosmos – en kort historik; Stephen Hawking;

p15:
"En fysikalisk teori är alltid provisorisk i den meningen att den bara utgör en hypotes: man kan aldrig bevisa den. Hur många gånger experimentresultaten än överensstämmer med en viss teori, kan man ändå aldrig vara säker på att resultaten nästa gång motsäger teorin. Å andra sidan kan man motbevisa en teori genom att finna blott en enda som inte överensstämmer med teorins förutsägelser"

p17:
"Newtons teori har också den stora fördelen att vara mycket enklare att arbeta med än Einsteins"

p18:
"Idag beskriver forskarna universum med hjälp av två grundläggande delteorier: den allmänna

SR (LT, LF, TD, LK) = NONSENS

relativitetsteorin och kvantmekaniken. Tyvärr vet vi emellertid att dessa två teorier är oförenliga – de kan inte båda vara riktiga"

p35:
"Det är omöjligt att föreställa sig ett fyrdimensionellt rum"

6)
Ett utsökt universum; Brian Green;

p50:
"Föreställ dig att du befinner dig på ett tåg och drar ned rullgardinerna så att fönstren är fullständigt täckta. Om du inte har någon möjlighet att se någonting utanför din egen kupé och under förutsättning att tåget rör sig med fullständigt konstant hastighet, kommer det inte att finnas något sätt för dig att avgöra din rörelse. Kupén omkring dig kommer att se exakt likadant ut oberoende av om tåget står stilla på spåren eller rör sig med hög fart. Einstein formaliserade denna idé, en idé som faktiskt går tillbaka på Galileis insikter, genom att hävda att det är omöjligt för dig eller någon av dina medpassagerare att genomföra något experiment i den stängda kupén som kan avgöra huruvida tåget rör sig eller ej ...
Det finns inget sätt för dig att avgöra något angående

SR (LT, LF, TD, LK) = NONSENS

ditt tillstånd av rörelse utan att göra direkta eller indirekta jämförelser med 'yttre' föremål. Det finns helt enkelt inget sådant som 'absolut' rörelse med konstant hastighet; bara jämförelser har fysikalisk mening"

FEL! DET GÅR ATT AVGÖRA OM MAN RÖR SIG ELLER INTE!

p54:
"Oberoende av fotonkällans och observatörens relativa rörelse är ljusfarten alltid densamma"

"Men denna triumf över konflikten var ingen liten seger. Einstein insåg att ljusfartens konstans innebar den newtonska fysikens fall"

p57: tåget
"Eftersom farten hos ljuset som sändes ut till vänster eller höger är densamma, anser de – och observerade faktiskt – att ljuset uppenbarligen nådde bägge presidenterna samtidigt. Vilka har rätt?
De på tåget eller de utanför?
Vardera gruppens observatörer och förklaringar till stöd för dem är oantastliga.
Svaret är att båda har rätt!"

SR (LT, LF, TD, LK) = NONSENS

FEL! BARA EN KAN HA RÄTT!

p60:
"Vårt mål är att förstå hur rörelse påverkar tidens gång, och eftersom vi definierat tiden operationellt med hjälp av klockor, kan vi översätta vår fråga till hur rörelse påverkar klockornas 'tickande' "

p61:
"Skälet till att vi utnyttjar en ljusklocka i vår diskussion är att dess enkelhet i mekanisk hänseende skalar bort alla överflödiga detaljer och därför ger oss den tydligaste insikten i hur rörelse påverkar tidens gång"

...

"Den fråga vi ställer oss är om ljusklockan i rörelse tickar i samma takt som ljusklockan i vila?"

...

"Fotonen startar vid botten av den glidande (i rörelse) klockan ... och färdas först till den övre spegel. Eftersom klockan ur vårt perspektiv rör sig måste fotonen röra sig i vinkel"

FEL! DET DUMMASTE JAG HAR LÄST INOM VETENSKAPEN!!!

...

"Om fotonen inte rörde sig längs denna bana skulle den missa övre spegeln och fara ut i rymden"

SR (LT, LF, TD, LK) = NONSENS

SO WHAT?!

p67:
"I likhet med alla skenbara paradoxer som uppkommer ur den SR, upplöses dessa logiska dilemman vid närmare granskning och avslöjar nya insikter i hur universum fungerar"

7)
Det stoft varav kosmos väves; Brian Green;

p18:
"för Gottfried Wilhelm von Leibniz var 'rum' och 'tid' helt enkelt ord för samband mellan var föremål befann sig och när händelser inträffade ..."

p50:
Mach: "I ett i övrigt tomt universum går det inte att skilja mellan att stå helt orörlig och att rotera likformigt"
" ... om din kropp roterar ... varje del av din kropp roterar i samma takt"

FEL! DINA AXLAR HAR HÖGRE ROTATIONSHASTIGHET ÄN DIN HALS!

p63:
"Men ljusfarten är konstant; rum och tid uppför sig på

detta sätt. Rum och tid anpassar sig på ett sätt så att de exakt kompenserar för varandra, så att observationer av ljusfarten ger samma resultat oberoende av observatörens hastighet"

p72:
"Einsteins oväntade svar är att båda har rätt. Trots att de två domarnas slutsatser skiljer sig åt, är vardera domarnas observationer och resonemang oantastliga"

FEL! BARA EN HAR RÄTT!

p76:
"Så även om Newton avgjort hade fel, krossade den speciella relativitetsteorin inte fullständigt hans intuition om att det finns något absolut, något som alla skulle vara överens om.
Absolut rum existerar inte.
Absolut tid existerar inte.
Men enligt den speciella relativitetsteorin existerar absolut rumtid.
...
För att ett föremåls bana genom rumtiden ska vara en rätt linje måste föremålet inte bara röra sig i en rätt linje genom rummet, utan dess rörelse måste också vara likformig genom tiden, det vill säga såväl dess fart och dess riktning måste vara oföränderliga och

alltså måste det röra sig med konstant hastighet."

p95:
"Vardagserfarenheten misslyckas alltså med att avslöja hur universum egentligen fungerar, och det är skälet till att ännu hundra år efter Einstein nästan ingen, inte ens yrkesfysiker, har relativitetsteorin i ryggmärgen"

p96:
"Den speciella och allmänna relativitetsteorin påpekade viktiga spetsfyndigheter i urverksbilden: det finns ingen enda, universellklocka som har företräde"

JO, DET GÖR DET!

p187:
"Århundraden av vetenskapliga undersökningar har visat att matematiken utgör ett kraftfullt och vasst språk med vars hjälp vi kan analysera universum. ... Fysiker har kommit att inse att matematiken när den används med tillräcklig försiktighet är en beprövad väg till sanningen"

p255:
"Ingen har hittills hittat den slutgiltiga, grundläggande definitionen av tid, men otvivelaktigt är en del av tidens roll i den kosmiska konstruktionen att den bokför förändringar. Vi märker att tiden har

gått genom att observera att saker och ting är
annorlunda nu mot vad de förut var."

8)
***En kortfattad historik över nästan allting; Bill
Bryson;***

p115: om eter
"Decartes hade lagt fram idén, Newton hade stöttat
den och sedan hade nästan alla hyllat den. Etern var
absolut central i 1800-talsfysiken som ett sätt att
förklara hur ljuset kunde färdas genom rymdens
tomhet. Den var särskilt nödvändig på 1800-talet
eftersom man då betraktade ljus och
elektromagnetism som vågor, det vill säga ett slags
vibrationer. Vibrationer måste äga rum i någonting;
därför behövde man och höll länge fast vid etern. Så
sent som 1909 vidhöll den store brittiske fysikern J. J.
Thompson: 'Etern är inte någon fantastisk skapelse av
en spektakulär fysiker, den är lika betydelsefull för oss
som den luft vi andas'"

p116:
"I själva verket var det förstås så att världen var på
väg in i ett vetenskapssekel då många människor inte
skulle förstå någonting och ingen skulle förstå allting"

9)
I huvudet på Gud; Paul Davies;

p25:
"Påståendet att världen är rationell är förbundet med det faktum att den är ordnad. Händelser sker i allmänhet inte hipp som happ: de är besläktade på något sätt. ... Det är denna händelsernas släktskap som ger oss vår uppfattning av orsak och verkan. (kausalitet)
...
Nära besläktat med kausalitet är begreppet determinism. I sin moderna form är detta antagandet att händelser helt och hållet bestäms av andra, tidigare händelser."

p66:
"Så länge universum hade en begynnelse, kunde vi anta att det hade en skapare ..."

p93:
"Det finns inget ämne som bättre åskådliggör skillnaden mellan ... humaniora och naturvetenskap än matematiken. För den utomstående är matematiken en underlig, abstrakt värld av förskräckliga teknikaliteter, full av bisarra symboler och komplicerade procedurer, ett ogenomträngligt

språk och en svart magi. För naturvetaren är matematiken garantin för exakthet och objektivitet. Den är också förvånansvärt nog naturens eget språk. Ingen som är utestängd från matematiken kan någonsin fatta hela betydelsen av den naturens ordning som är så djupt invävd i den fysikaliska verklighetens väv.

...

Men uppfattningen att matematiken är en nyckel som ger den insatte möjlighet att låsa upp kosmiska hemligheter är lika gammal som ämnet självt"

10)
Stjärnor och äpplen som faller; Ulf Danielsson;

p134:
"Att tänka fritt är stort, men att tänka rätt är större.
Thomas Thorild, Uppsala universitet.

...

Det är bättre att tänka fel, än att inte tänka alls.
Hypatia, Alexandria"

p135:
"Och vem vet, kanske historien har fler mörka perioder i beredskap i framtiden? Det finns inga garantier att det fria tänkandet och filosoferandet kommer att bestå"

11)
Big Bang eller varde ljus?; Maria Gunther Axelsson;

p30-31:
"Därför handlar forskningen inte om att försvara etablerade teorier (som kreationisterna ofta hävdar), utan tvärtom att testa, ifrågasätta och försöka hitta luckor och felaktigheter i teorierna"

p32:
"En vetenskaplig teori kan bara underkännas om den gör felaktiga förutsägelser"

p69:
"För de flesta av oss räcker det knappast med en grundutbildning i fysik för att till exempel förstå Einsteins relativitetsteori (jag har läst teknisk fysik på universitet och sedan doktorerat i partikelfysik, men jag hör inte till dem som på allvar begriper teorin även om jag kan använda den och räkna med den)."

p88:
"Ingen tror idag på ... eter (det mystiska medium som skulle fylla universum så att ljuset kunde komma fram). De teorier har ersatts av bättre modeller för hur världen fungerar. När fysikerna i slutet av 1800-talet

var tvungna att inse att etern INTE existerar (efter några berömda experiment) behövde de en bättre teori för ljuset (och den fick de snart i Einsteins speciella relativitetsteori)."

12)
Den stora planen; Stephen Hawking;

p33:
"Vår bok grundar sig på den vetenskapliga determinismen, vilket innebär att svaret på fråga två blir: Det finns inga underverk eller andra undantag från naturlagarna"

p39: modellberoende realism
" ... idén att en fysikalisk teori eller världsbild är en modell (i regel matematisk formulerad) med en uppsättning regler som binder modellens olika beståndsdelar eller detaljer till observationer."

p55:
"Det verkar inte finnas någon matematisk modell eller teori som ensam kan beskriva universum ur alla aspekter."

p81:
"Världen är begriplig eftersom den styrs av vetenskapliga lagar, det vill säga att man kan

uttrycka hur den fungerar med hjälp av matematiska modeller"

p87:
"När Maxwell sade sig ha upptäckt att 'ljusfarten' tittade fram ur hans ekvationer blev ... den naturliga frågan vad ljusfarten i hans ekvationer mättes i förhållande till.
...
att hans ekvationer anger ljusfarten i förhållande till ett dittills okänt medium som uppfyller hela rymden, den ljusbärande etern
...
Om etern fanns till skulle det finnas ett absolut orörlig tillstånd (det vill säga etern) och följaktligen en absolut definition av rörelse. Etern skulle ge ett lämpligt referenssystem som omfattade hela universum och mot vilken man kunde mäta hastigheten hos alla föremål. Etern föreslogs från teoretiska överväganden, och vissa fysiker skyndade sig att försöka hitta metoder för att undersöka den eller åtminstone bekräfta att den fanns."

13)
Den tunga vetenskapen; Bo Dahlin;

"Att forska är att tänka"

"Science is a special way of knowing and investigating and the only way of appreciating the process is to do it. Only in this way can people came to recognize a key feature of science: there is only one correct explanation for any set of phenomena. Finding that correct explanation can be difficult, painful, ..., frustrating, fun, and ultimately very reewarding"

14)
Modern Physics; Kenneth Krane;

p20:
"This theory has a completly undeserved reputation as being so exotic that few people can understand it"
"the special theory of relativity has been carefully and thoroughly tested by experiment and found to be correct in all its predictions"

15)
Understanding Physics; M. Mansfield, C. Sullivan;

p193:
"the velocity of light is invariant ... this result is in direct conflict with the findings of the previous chapter where the Galilean tarnsformations showed us that the value of the velocity of an object must change when

it is measured from a coordinate system which is moving"

p194:
"Michelson and Morley found no difference between the value of *c* measured in referens system miving parallel to and perpendicular to the Earth's motion and hence found no evidence of the existence of an ether"

16)
University Physics; Young, Freedmann;

p1243:
"Einstein's conceptual leap was to recognize that if Maxwell's equations are valid in all inertial frames, then the speed of light in vacuum should be the same in all frames and in all directions"

En observatör i vila gentemot ljuskällan och en i rörelse måste mäta samma ljushastighet, *c*.

MEN MAN SÄGER ALDRIG HUR SKA MAN MÄTA LJUSHASTIGHETEN!

17)
Beyond Reason; A. K. Dewdney; 2004;

p4:
" perpetual motion machine: it is not suprising that more than a few had faked the results ... But all of them failed"

p5:
"it was not until the mid nineteenth century that we finally understod that the project was doomed. (the teory of thermodynamics)"

p6:
"there are mathematical steps that invoke the grander edifice lurking in the background"

p7:
"... and relativity theory are practically all mathematics ... It was Kuhn who argued that scientific revolutions have their roots not so much in data, but in how we interpret them"

p45:
"Michelson and Morley set up the interferometer in what they thought might be the direction of the Earth travel through ether, but found that the interference fringe did not shift in their instrument. Well, perhaps, they hadn't guessed right, so they tried another angle. That produce no effect, either. Their tried every angle they could think of, even tillting the interferometer

tovard the ceiling. Still no effect. They conclude that there was no ether, at least not one with the properties attributed to it. In short, light was not propagate through any misterious medium. Moreover, the speed seemed to be the same in all directions!"

p46: Fitzgerald
"According to the outcome of the Michelson-Morley experiment, light always traveled at the same speed, regardless of the state of motion of it source.
... He did not belive that the velocity of light could be unaffected by the motion of its source. The only escape from this logical cul-de-sac, as far as Fitzgerald was concernde, was to suppose that any object in a state of motion was subject to a contraction in the direction of its motion."

18)
Nothing; Frank Close;

p59: The problem of the ether
"Drop a stone into water and a wave spreads out. The speed of the wave is about a meter per second. This speed is a property of the water. It does not depend on the velocity of the source. If the stone is dropped in from a stationary boat, the waves spread at 1 meter each second; if dropped in from a speedboat they still spread at 1 meter per second. If you are on a boat that

is at rest in the water, you will see the wave pass you at a speed of 1 meter each second. If however you were heading into the waves at 10 meters per second the waves wolud approach you at 11 meters per second, whereas if you were headed the other way at the same speed relativ to the water, you would be overtaking the wave at 9 meters per second. You can determine your absolute speed relativ to the water this way. As it was the boat in the water , so it would be for the Earth in the ether."

SISTA MENINGEN: FEL!

p63:
" Today we know that velocity dependent transformations are correct, length do contract and masses do grow with increasing speed in proportion to the factor
$1/(1 - v^2/c^2)^{1/2}$ but not for reasons that Lorentz and Fitzgerald had suggested. Einstein took a new perspective on the problem.
The invariance of the speed of light with respect to the speed of source or observer is a result, in part, of distances contracting as in Lorentz and Fitzgerald's formula but this was not due to any ether acting on the rod. For Einstein the contraction are an intrinsic property of spaces itself."

p65:
"The fact that the velocity of light is independent of the speed both of the source and of the receiver was an enigma."

p68:
Speed is a measure of the distance travelled in an interval of time (definition)

"Speed is the ratio of distance moved to time elapsed and relative speeds add or subtract depending on whether you are heading towars or are running away from a speading object. However, common sense feils for light beams, since independent of how fast you move or in what direction, your relative speed to a light beam is invariant. Einstein realized that something must be wrong with our concept of space and time.

19)
Introduction to Physics; J. D. Cutnell, K. W. Johnson;

p4:
"Only quantities with the same units can be added or substracted."

p30:
"Definition of average velocity:
Average velocity = Displacement/Elapsed time"

p735: 1865, Maxwell
"determined theoretically that electromagnetic waves propagate through a vacuum at a speed given by c = 1/$(\varepsilon_0\mu_0)^{1/2}$

p876:
"Since the laws of physics are the same in all referens frames, there is no experiment that can distinguish between an inertial frame that is at rest and one that is moving at a constant velocity"

JO, DET FINNS ETT EXPERIMENT!!!

p877:
"According to this view, an observer moving relative to the ether would measure a speed of light that was smaller or greather than *c*, depending on whether the observer moved with or against the light, respectively."

HUR SKULLE MAN GÖRA MÄTNINGEN AV LJUSTETS HASTIGHET I DESSA TVÅ FALL? DET SÄGER MAN ALDRIG OM!

SR (LT, LF, TD, LK) = NONSENS

20)
University Physics; Young, Freedmann;

p1243:
"Einstein's conceptual leap was to recognize that if Maxwell's equations are valid in all inertial frames, then the speed of light in vacuum should be the same in all frames and in all directions"

En observatör i vila gentemot ljuskällan och en i rörelse måste mäta samma ljushastighet, c.

MAN SÄGER ALDRIG HUR MAN MÄTER LJUSHASTIGHETEN!

21)
Det europeiska miraklet; Bok 1; 2016;
Robin T. Trnovsky

p274:
"... det kroatisk-serbiska geniet Nikola Teslas kritik av relativitetsteorin i bland annat i New York Times den 11 juli år 1935. Tesla hävdade bland annat att relativitetsteorin är en storartad matematisk dräkt som fascinerar, bländar och gör folk blinda för de underliggande felaktigheterna. Han grundade sin kritik i första rummet på att rymden icke kan vara

SR (LT, LF, TD, LK) = NONSENS

krökt av den enkla anledningen, att det inte kan besitta några egenskaper, då man bara kan tala om egenskaper när man har att göra med materia som fyller rymden. Tesla sa: 'Att säga att rymden kröks vid förekomsten av stora kroppar är som att hävda att någonting kan påverka ingenting.' Man får onekligen en känsla av att Tesla var starkt influerad av Parmenides tankar om 'nihil fit ex nihilo' från runtomkring 500 f Kr."

Korrespondens angående mina sista artiklar

Kapiteln *Lorentzfaktorn och dess värde i olika punkter av rumtiden* har ja bearbetat lite, skrivit om i LaTex och skickat till
European Journal of Physics den 1 april 2018.

Det var inte menningen att ska skicka det den 1 april som ett skämt! Idag är det 8 april och jag har inte fått svar från de än. Det brukar komma ganska snabbt, efter ca 1-2 dagar.

2018-04-10
Svar drån *European Journal of Physics:*

Re: "Lorentz factor and its value in different points of spacetime" by Slowak, Jan
Article reference: EJP-103616

Thank you for your submission to European Journal of Physics. We have assessed your manuscript and have considered its suitability for the journal very carefully. We regret to inform you that your article will not be considered for review as it does not meet our strict publication criteria.

The quality and presentation of any research published in European Journal of Physics must be of the highest standard. Submissions should clearly demonstrate scientific rigour, extensive literature research and a careful assessment of the validity of any conclusions presented in the manuscript. Your manuscript does not meet these key publication criteria and we are unable to consider it further.

We are grateful for your interest in European Journal of Physics.

Yours sincerely

Stephanie White

On behalf of the IOP peer-review team:
Jessica Thorn - Editor
Dr Stephanie White – Associate Editor
Lucy Joy – Editorial Assistant
ejp@iop.org

and Iain Trotter – Associate Publisher

2018-04-10
På grund av svaret från *European Journal of Physics*

har jag skickat min artikel till Frank Close, Oxford.

2018-04-13
Har skickat min artikel till Bodil Jönsson, Lund.

Svar:
2018-04-25
Dessvärre är det så länge sedan jag höll på med Lorentztransformationer att jag inte kan bidra initierat.

Allt gott
Bodil Jönsson

2018-04-27
Har skickat min artikel till International Journal of Mathematics
2018-04-27 Svar:
Dear Mr. Slowak,

I'm afraid your submission entitled "Mathematics shows that the Lorentz transformations are not self-consistent" is inappropriate and unacceptable for International Journal of Mathematics.

Thank you for your interest in this journal.

Kind regards,
Yasuyuki Kawahigashi, PhD
Managing Editor
International Journal of Mathematics

2018-04-28
Dear Mr. Yasuyuki Kawahigashi,

Thanks for quick reply.
I would be grateful if you write more precisely why you do not accept my article.
I think my article shows how important mathematics is in science.
It also shows how a theory, without strict mathematics and logic, can be "accepted".

With respect for science
Jan Slowak
Sweden

2018-04-30
Dear Mr Slowak,

Re: "The mathematics shows that the Lorentz transformations are not self-consistent" by Slowak, Jan
Article reference: PHYSSCR-106870

Thank you for your submission to Physica Scripta. We have assessed your manuscript and have considered its suitability for the journal very carefully. We regret to inform you that your article will not be considered for review as it does not meet our strict publication criteria.

The quality and presentation of any research published in Physica Scripta must be of the highest standard. Submissions should clearly demonstrate scientific rigour, extensive literature research and a careful assessment of the validity of any conclusions presented in the manuscript. Your manuscript does not meet these key publication criteria and we are unable to consider it further.

We are grateful for your interest in Physica Scripta.

Yours sincerely

Stephanie White

On behalf of the IOP peer-review team:

Emma Chorlton - Editor
Stephanie White & Kerenza Kerslake - Associate Editors
Rob Freeman - Editorial Assistant
physscr@iop.org

Iain Trotter – Publisher

2018-04-30
Dear Stephanie White,

Thanks for quick reply.
I would be grateful if you write more precisely why you do not accept my article.
I think my article shows how important mathematics is in science.
It also shows how a theory, without strict mathematics and logic, can be "accepted".

With respect for science
Jan Slowak
Sweden

2018-05-03
Dear Mr Slowak,

Re: "The mathematics shows that the Lorentz transformations are not self-consistent" by Slowak, Jan
Article reference: PHYSSCR-106870

Thank you for your response to the decision on your Paper, which was under consideration in Physica Scripta. We understand that the decision may have come as a disappointment.

As stated in our previous letter, submissions to Physica Scripta should clearly demonstrate scientific rigour, extensive literature research and a careful assessment of the validity of any conclusions presented in the manuscript. As your manuscript does not meet these publication criteria, we stand by our decision to not consider your article further. The correspondence on this matter is now closed.

Thank you for your interest in Physica Scripta.

Yours sincerely

Emma Chorlton
Editor

2018-05-12

Dear editor Emma Chorlton!

Thank you for your answer.

Unfortunately, I'm not satisfied with the standard response.
"As stated in our previous letter, submissions to Physica Scripta should clearly demonstrate scientific rigour, extensive literature research and a careful assessment of the validity of any conclusions presented in the manuscript."

You specify 3 (three) points that my article does not meet.
1) scientific rigour
2) extensive literature research
3) careful assessment of the validity of any conclusions presented

My comments on the above 3 points:

1) What can be more rigurous than a mathematical evidence? Nothing! My mathematical evidence shows that Lorentz transformations are incorrect, are not self-consistent!

2) I'm referring only to a book where you will find a derivation of Lorentz transformations. But it does not matter which book or university course you are referring to. I can indicate more books I read in this subject.

3) My conclusion is as clear as my mathematical evidence is! Lorentz transformations are the basis of the special theory of relativity. Therefore, my conclusion is as it is.

But if you think I'm wrong somewhere, just show it! You can not say I'm wrong without telling where the error is. You can not reject my article unless you tell me what's the problem with it. Do not send me a standard response. And ask your employer if what you are doing is right!

I refer to my article that I have sent to Physica Scripta:
Mathematics and Lorentz transformations from 16 April 2018.

Greetings
Jan Slowak
Jönköping,
Sweden

2018-05-12

Dear Dr Slowak,

Thank you for your message, which I have now passed on to our editorial team. We look forward to providing you with a response as soon as possible.

Yours sincerely

Rob Freeman

On behalf of the IOP peer-review team:
Emma Chorlton - Editor
Stephanie White & Kerenza Kerslake - Associate Editors
Rob Freeman - Editorial Assistant
physscr@iop.org

Iain Trotter - Publisher

IOP Publishing
Temple Circus, Temple Way, Bristol
BS1 6HG, UK

2018-05-22

Dear Mr Slowak,

Re: "The mathematics shows that the Lorentz transformations are not self-consistent" by Slowak, Jan
Article reference: PHYSSCR-106870

Thank you for your recent email. The Board Member has sent your paper out for review and we will let you know as soon as we have a decision.

If you have any queries please let us know.

Yours sincerely

Rob Freeman

On behalf of the IOP peer-review team:
Emma Chorlton - Editor
Stephanie White & Kerenza Kerslake - Associate Editors
Rob Freeman - Editorial Assistant
physscr@iop.org

2018-06-11

Dear Mr Slowak,

Re: "The mathematics shows that the Lorentz transformations are not self-consistent" by Slowak, Jan
Article reference: PHYSSCR-106870

Your Paper has now been considered by the Editorial Board of Physica Scripta, in consultation with an expert referee.

We regret to inform you that the Board has decided that your article should not be published in the journal, for the reasons given in the attached reports.

This means that we are not able to consider your article any further, and the correspondence is now closed.

Thank you for your interest in Physica Scripta.

Yours sincerely

Emma Chorlton

On behalf of the IOP peer-review team:
Emma Chorlton - Editor
Stephanie White & Kerenza Kerslake - Associate Editors
Rob Freeman - Editorial Assistant

Want to find out what is happening to your submission right now? Track your article here:https://publishingsupport.

physscr@iop.org

Iain Trotter - Publisher

IOP Publishing
Temple Circus, Temple Way, Bristol
BS1 6HG, UK

www.iopscience.org/physscr

Impact factor: 1.280

We are always looking for ways to improve our service. We would really appreciate it if you could take five minutes to complete a short survey https://www.surveymonkey.co. about your experience of submitting to IOP Publishing. We would like to thank you in advance for your help.

The details you submit in this survey will only be used for the purposes of improving our services. Rest assured, we will never sell or rent your personal data to third parties. For more information, please see our privacy policy at http://ioppublishing.org/. The aggregated, anonymised results of our surveys may be shared with our publishing partners.

REFEREE REPORT(S):
Referee: 1

COMMENTS TO THE AUTHOR(S)
In this short manuscript the author claims that Lorentz transformations are not self-consistent. Lorentz transformations have been around for more than hundred years and I wonder how someone can still come along with such a , sorry to say, nonsensical claim.

Nevertheless, let's see where the mistake is. (1) and (2) constitutes a correct special Lorentz transformation. It is easily checked that it is in accordance with (5) - (7).

So it is clear that the computations in Section 4 must be wrong. The big misunderstanding of the author is in his interpretation of the relations (5)

- (7). These are evidently **NOT** true for arbitrary events. But this is what the author assumes in his calculation on page 3. For example, (7) means: $x'=ct'$ holds if and only if $x=ct$. This is a statement about special curves. (5) and (6) refer to different curves ! For example, (5) and (6) coincide (for arbitrary t and t') only if $v=0$, which is the apparent contradiction obtained by the author.

Therefore, I recommend to Reject this article as it contains basic errors and faulty judgements.

COMMENTS FROM EDITORIAL BOARD:
Associate Editor: 1
Comments to the Author:
The reviewer, an expert in this field, reported serious mistakes in this short work. I also recommend the rejection.

Letter reference: DSR09

SR (LT, LF, TD, LK) = NONSENS

Till alla fysiker och matematiker

Till alla fysiker och matematiker som har granskat den speciella relativitetsteorin vill jag säga följande:

Jag visar i några delar av min forskning att Lorentztransformationer är felaktiga, är not self-consistent. Detta innebär att också den speciella relativitetsteori är felaktig, är not self-consistent.

Jag kanske har fel i någon av dessa delar av min bok. Men det räcker om jag har rätt i ett av mina påståenden för att kullkasta hela denna teori.

Kapitel *Lorentzfaktorn och dess värde i olika punkter av rumtiden* är utan tvekan ett bevis som varken går att bestrida eller ignorera!!!

SR (LT, LF, TD, LK) = NONSENS

Citat från boken Kosmos - en kort historik
av Stephen Hawking:

"*En fysikalisk teori är alltid provisorisk i den meningen att den bara utgör en hypotes: man kan aldrig bevisa den. Hur många gånger experimentresultaten än överensstämmer med en viss teori, kan man ändå aldrig vara säker på att resultaten inte nästa gång motsäger teorin. Å andra sidan **kan man motbevisa en teori genom att finna blott en enda som inte överensstämmer med teorins förutsägelser.**"

SR (LT, LF, TD, LK) = NONSENS

SR (LT, LF, TD, LK) = NONSENS

Lorentz factor
and
its value in different points of spacetime

Jan Slowak

1 Abstract

Einstein's theory of special relativity is a generally accepted theory that analyses relationships between two inertial reference frames moving at a constant speed against each other. In this work we analyze Lorentz transformation equations and Lorentz factor resulting in mathematical nonsense or contradiction with the original conditions for the derivation of the Lorentz transformations. This leads to the conclusion that the theory of special relativity is not self-consistent.

2 Keywords

Special Relativity, Lorentz transformations, Lorentz factor

3 Introduction

When studying a physical phenomenon, a mathematical model is developed to describ it. Such a model comprises built-in physical laws held together by mathematical tools. If the description of the physical phenomenon is correct, the mathematical model is also correct.

We consider Lorentz transformations, below.

$$x' = (x - vt)\gamma, \qquad (1)$$

$$t' = (t - \frac{vx}{c^2})\gamma \qquad (2)$$

where $\gamma = \frac{1}{\sqrt{1-\frac{v^2}{c^2}}}$ is called the Lorentz factor.

The Lorentz factor is a function of the velocity v.
If $v = 0$ then $\gamma = 1$ otherwise $\gamma > 1$. γ is always $\neq 0$.
In [1], pages 14-15, they derive Lorentz transformations above and as a condition they have $v > 0$.

One derives Lorentz transformations from two linear general transformations / equations.

$$x' = Ax + Bt \qquad (3)$$

$$t' = Cx + Dt \qquad (4)$$

For this derivation one use three special cases:

$$x' = 0, x = vt \qquad (5)$$

$$x' = -vt', x = 0 \qquad (6)$$

$$x' = ct', x = ct \qquad (7)$$

We can rewrite Lorentz transformations (1) and (2) in another way.

$$\gamma = \frac{x'}{x - vt} \qquad (8)$$

Equation (8) applies to $x - vt \neq 0$.

$$\gamma = \frac{t'}{t - \frac{vx}{c^2}} \qquad (9)$$

Equation (9) applies to $t - \frac{vx}{c^2} \neq 0$.

We can calculate the value of γ using the variables x', t', x, t, v and the constant c, speed of light.

We calculate the value of γ using the three special cases used in the derivation of Lorentz transformations.

We are now doing this calculation by replacing special cases (5), (6), (7) in the rewriten Lorentz Transformations (8), (9). We choose points from spacetime where $t > 0$ and $t' > 0$.

From

(8), (5) $\Rightarrow \gamma = \frac{x'}{x-vt} = \frac{0}{vt-vt} = \frac{0}{0}$ (mathematical nonsense)

(9), (5) $\Rightarrow \gamma = \frac{t'}{t-\frac{vx}{c^2}} = \frac{t'}{t-\frac{vvt}{c^2}} = \frac{t'}{t}\frac{1}{1-\frac{v^2}{c^2}} \Rightarrow \gamma = \frac{t'}{t}\gamma^2 \Rightarrow \gamma = \frac{t}{t'}$

(8), (6) $\Rightarrow \gamma = \frac{x'}{x-vt} = \frac{-vt'}{0-vt} = \frac{-vt'}{-vt} = \frac{t'}{t}$

(9), (6) $\Rightarrow \gamma = \frac{t'}{t-\frac{vx}{c^2}} = \frac{t'}{t-0} = \frac{t'}{t}$

(8), (7) $\Rightarrow \gamma = \frac{x'}{x-vt} = \frac{ct'}{ct-vt} = \frac{ct'}{t(c-v)} \Rightarrow \gamma = \frac{t'}{t}\frac{c}{c-v}$

(9), (7) $\Rightarrow \gamma = \frac{t'}{t-\frac{vx}{c^2}} = \frac{t'}{t-\frac{vct}{c^2}} = \frac{t'}{t(1-\frac{v}{c})} \Rightarrow \gamma = \frac{t'}{t}\frac{c}{c-v}$

We summarize the results of these calculations:

From

(8), (5) $\Rightarrow \gamma = \frac{0}{0}$ (mathematical nonsense)

(9), (5) $\Rightarrow \gamma = \frac{t}{t'}$

(8), (6) $\Rightarrow \gamma = \frac{t'}{t}$

(9), (6) $\Rightarrow \gamma = \frac{t'}{t}$

(8), (7) $\Rightarrow \gamma = \frac{t'}{t} \frac{c}{c-v}$

(9), (7) $\Rightarrow \gamma = \frac{t'}{t} \frac{c}{c-v}$

The above result gives us four different expressions for Lorentz factor:

$$\gamma = \frac{0}{0} \qquad (10)$$

(mathematical nonsense)

$$\gamma = \frac{t}{t'} \qquad (11)$$

$$\gamma = \frac{t'}{t} \qquad (12)$$

$$\gamma = \frac{t'c}{t(c-v)} \qquad (13)$$

We see that the Lorentz factor has different mathematical expressions for different points of spacetime.
But the Lorentz factor is the function of **only** v. So no matter what point of spacetime we use we must get the same value!
We exclude (10) $\Rightarrow \gamma = \frac{0}{0}$ (mathematical nonsense), but already this result tells us that something is wrong!

Why should we not be able to calculate the value of γ at a point from spacetime used just to derive Lorentz transformation?

Analysis of other cases gives the following three variants:

V1)

(11): $\gamma = \frac{t}{t'}$

(12): $\gamma = \frac{t'}{t}$

$\Rightarrow \frac{t}{t'} = \frac{t'}{t} \Rightarrow t = t' \Rightarrow \gamma = 1 \Rightarrow v = 0$

V2)

(12): $\gamma = \frac{t'}{t}$

(13): $\gamma = \frac{t'c}{t(c-v)}$

$\Rightarrow \frac{t'}{t} = \frac{t'c}{t(c-v)} \Rightarrow \frac{c}{c-v} = 1 \Rightarrow v = 0$

V3)

(11): $\gamma = \frac{t}{t'}$

(13): $\gamma = \frac{t'c}{t(c-v)}$

$\Rightarrow \frac{t}{t'} = \frac{t'c}{t(c-v)} \Rightarrow (\frac{t}{t'})^2 = \frac{c}{c-v} \Rightarrow \gamma^2 = \frac{c}{c-v} \Rightarrow \frac{c^2}{c^2-v^2} = \frac{c}{c-v} \Rightarrow \frac{c}{c+v} = 1 \Rightarrow v = 0$

All these calculations of the value of Lorentz factor indicate that we either come to mathematical nonsense or that $v = 0$.

4 Conclusions

All these results, all this analysis shows that that the derivation of Lorentz transformations is incorrect, is not self-consistent.

From this follows that the theory of special relativity is not self-consistent.

5 References

[1] Modern Physics, second edition, Randy Harris, 2008, pages 14–15.

Mathematics shows that the Lorentz transformations are not self-consistent

Jan Slowak

1 Abstract

Einstein's theory of special relativity is a generally accepted theory that analyses relationships between two inertial reference frames moving at a constant speed against each other. In this work, we analyze the derivation of Lorentz transformations only from the point of view of mathematics. This analysis comes to mathematical nonsense or contradiction with the original conditions for the derivation of the Lorentz transformations. This leads to the conclusion that the Lorentz transformations are not self-consistent.

2 Keywords

Special Relativity, Lorentz transformations, Lorentz factor

3 Introduction

When studying a physical phenomenon, a mathematical model is developed to describ it. Such a model comprises built-in physical laws held together by mathematical tools. If the description of the physical phenomenon is correct, the mathematical model is also correct.

We consider Lorentz transformations, below.

$$x' = (x - vt)\gamma, \qquad (1)$$

$$t' = (t - \frac{vx}{c^2})\gamma \qquad (2)$$

where $\gamma = \frac{1}{\sqrt{1-\frac{v^2}{c^2}}}$ is called the Lorentz factor.

The Lorentz factor is a function of the velocity v.
If $v = 0$ then $\gamma = 1$ otherwise $\gamma > 1$. γ is always $\neq 0$.
In [1], pages 14-15, they derive Lorentz transformations above and as a condition they have $v > 0$.

One derives Lorentz transformations (1), (2) from two linear general transformations / equations.

$$x' = Ax + Bt \qquad (3)$$

$$t' = Cx + Dt \qquad (4)$$

For this derivation one use three special cases:

$$x' = 0, x = vt \qquad (5)$$

$$x' = -vt', x = 0 \qquad (6)$$

$$x' = ct', x = ct \qquad (7)$$

4 Mathematical demonstration

We use the substitution method in (3) and (4) and exclude variable x from them.

From (3) $\Rightarrow x = \frac{x'-Bt}{A}, A \neq 0$ and from (4) $\Rightarrow x = \frac{t'-Dt}{C}, C \neq 0$.

$\Rightarrow \frac{x'-Bt}{A} = \frac{t'-Dt}{C} \Rightarrow Cx' - BCt = At' - ADt \Rightarrow BCt - ADt = Cx' - At' \Rightarrow$

$\Rightarrow t(BC - AD) = Cx' - At'$.

The expression $BC - AD$ is a constant which we denote with the letter K. Then we get the following intermediate result:

$$K = \frac{Cx' - At'}{t}, t \neq 0 \tag{8}$$

Now we use the three special cases (5), (6), (7) and replace x' from them into (8) (x we do not need to use).

From (5), (8) $\Rightarrow K = \frac{(0)C - At'}{t} \Rightarrow K = \frac{t'}{t}(-A)$
From (6), (8) $\Rightarrow K = \frac{(-vt')C - At'}{t} \Rightarrow K = \frac{t'}{t}(-vC - A)$
From (7), (8) $\Rightarrow K = \frac{(ct')C - At'}{t} \Rightarrow K = \frac{t'}{t}(cC - A)$

K is a constant and a constant has the same value no matter how it is expressed using the variables and other constants of equation we solve!

We combine the above results and get the following three variants ($t \neq 0, t' \neq 0$).

V1) $\frac{t'}{t}(-A) = \frac{t'}{t}(-vC - A) \Rightarrow -A = -vC - A \Rightarrow -vC = 0 \Rightarrow vC = 0 \Rightarrow v = 0$

V2) $\frac{t'}{t}(-A) = \frac{t'}{t}(cC - A) \Rightarrow -A = cC - A \Rightarrow cC = 0 \Rightarrow c = 0$

V3) $\frac{t'}{t}(-vC - A) = \frac{t'}{t}(cC - A) \Rightarrow -vC - A = cC - A \Rightarrow -vC = cC \Rightarrow v = -c$

Above the article, there are the following conditions: $v > 0, c > 0, C \neq 0$.

All results in V1, V2 and V3 give contradiction with above conditions.

5 Conclusions

All these results, all this analysis shows that the Lorentz transformations is incorrect, is not self-consistent.

From this follows that the theory of special relativity is not self-consistent.

6 References

[1] Modern Physics, second edition, Randy Harris, 2008, pages 14–15.

www.ingramcontent.com/pod-product-compliance
Lightning Source LLC
Chambersburg PA
CBHW071207240526
45470CB00018B/1531